美国著名奥数教练蒂图·安德雷斯库系列丛书（第二辑）

119个三角问题

119 Trigonometry Problems for Mathematics Competitions

［美］蒂图·安德雷斯库(Titu Andreescu)
［美］亚历山德罗·文图洛(Alessandro Ventullo) 著

余应龙 译

哈爾濱工業大学出版社
HARBIN INSTITUTE OF TECHNOLOGY PRESS

黑版贸登字 08－2023－064 号

图书在版编目(CIP)数据

119 个三角问题/(美)蒂图·安德雷斯库
(Titu Andreescu).(美)亚历山德罗·文图洛
(Alessandro Ventullo)著;余应龙译.—哈尔滨：
哈尔滨工业大学出版社,2024.5
书名原文:119 Trigonometry Problems for
Mathematics Competitions
ISBN 978－7－5767－1337－4

Ⅰ.①1… Ⅱ.①蒂…②亚…③余… Ⅲ.①三角—
研究 Ⅳ.①O124

中国国家版本馆 CIP 数据核字(2024)第 073729 号

119 GE SANJIAO WENTI

策划编辑 刘培杰 张永芹
责任编辑 李广鑫
封面设计 孙茵艾
出版发行 哈尔滨工业大学出版社
社 址 哈尔滨市南岗区复华四道街 10 号 邮编 150006
传 真 0451－86414749
网 址 http://hitpress.hit.edu.cn
印 刷 哈尔滨市石桥印务有限公司
开 本 787 mm×1 092 mm 1/16 印张 11.75 字数 201 千字
版 次 2024 年 5 月第 1 版 2024 年 5 月第 1 次印刷
书 号 ISBN 978－7－5767－1337－4
定 价 58.00 元

(如因印装质量问题影响阅读,我社负责调换)

美国著名奥数教练蒂图·安德雷斯库

在解决一些数学问题时，我们较少见到集中于三角学并探索其广泛应用的著作. 本书可以满足那些希望通过观察数学的这一分支的各个方面以开拓三角学知识的读者的需要.

我们呈现的这一本书与这一目标相符，并展现出三角学这一课题的两个重要的方面：代数方面和几何方面. 与这一套100本书中的其他书类似，我们一开始要对处理主要问题时所需的概念做一个简短的回顾. 在第1章中我们呈现了最主要的理论，并给出大量的例题，这有助于解决后面的问题. 第2章提出了一些问题，要解决这些问题，你需要对在"理论与例题"这一章中出现的材料有一个基本的理解. 在第3章中你将会发现一些既需要更深刻理解这一理论的问题，也需要提升在关键概念之间建立关联的能力. 在第4章和第5章中我们将提供这些问题的对应解答.

本书适合于正在接受数学奥林匹克训练的学生以及期待在三角学及其相关领域提升能力的读者参考阅读. 正在训练学生参加竞赛或组织数学小组的教师和教练必定也能在本书中获益匪浅. 我们共享这些问题吧！

Titu Andreescu，Alessandro Ventullo

2015 年 1 月

目　　录

第 1 部分
理论与例题

第 1 章   理论与例题

1.1   直角三角形中的三角函数

如图 1.1,设 θ 是 $0°$ 和 $90°$ 之间的角,射线 OA 和 OB 形成角 θ,P 是射线 OA 上的点,Q 是过 P 的垂直于射线 OB 的线段的垂足. 那么,我们定义正弦(sin),余弦(cos),正切(tan),余切(cot),正割(sec),余割(csc) 如下:

$$\sin \theta = \frac{PQ}{OP}, \quad \csc \theta = \frac{OP}{PQ}$$

$$\cos \theta = \frac{OQ}{OP}, \quad \sec \theta = \frac{OP}{OQ}$$

$$\tan \theta = \frac{PQ}{OQ}, \quad \cot \theta = \frac{OQ}{PQ}$$

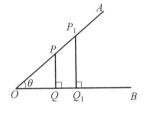

图 1.1

容易看出这些函数定义得很好,也就是说,它们只与 θ 的大小有关,与 P 的选择无关. 事实上,如果 P_1 是射线 OA 上的另一点,Q_1 是过 P_1 的垂直于射线 OB 的线段的垂足,那么显然 $\text{Rt}\triangle OPQ$ 和 $\text{Rt}\triangle OP_1Q_1$ 相似,于是它们的对应边的比都相等.

由上面的定义容易看出 $\sin \theta$,$\cos \theta$ 和 $\tan \theta$ 分别是 $\csc \theta$,$\sec \theta$ 和 $\cot \theta$ 的倒数. 于是对于许多问题而言,只需考虑 $\sin \theta$,$\cos \theta$ 和 $\tan \theta$ 即可. 此外,由上面我们看到

$$\tan \theta = \frac{\sin \theta}{\cos \theta}, \quad \cot \theta = \frac{\cos \theta}{\sin \theta} \tag{1.1}$$

为方便起见,在 $\triangle ABC$ 中,用 a,b,c 分别表示边 BC,CA 和 AB 的长(图 1.2),用 α,β,γ 分别表示 $\angle CAB,\angle ABC$ 和 $\angle BCA$. 现在考虑 $\gamma = 90°$ 的一个 $\triangle ABC$.

我们有

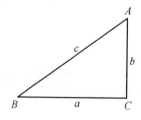

图 1.2

$$\sin \alpha = \frac{a}{c}, \quad \cos \alpha = \frac{b}{c}, \quad \tan \alpha = \frac{a}{b}$$

$$\sin \beta = \frac{b}{c}, \quad \cos \beta = \frac{a}{c}, \quad \tan \beta = \frac{b}{a}$$

容易看出,如果 α 和 β 是两个角,且 $0° < \alpha, \beta < 90°, \alpha + \beta = 90°$,那么 $\sin \alpha = \cos \beta$, $\cos \alpha = \sin \beta, \tan \alpha = \cot \beta, \cot \alpha = \tan \beta$. 总之,角 α 的余弦是余角 β 的正弦,余切和正切, 余割和正割也有类似的关系.

在 Rt$\triangle ABC$ 中,由毕达哥拉斯定理我们有 $a^2 + b^2 = c^2$,两边除以 c^2,得到

$$\sin^2 \alpha + \cos^2 \alpha = 1 \tag{1.2}$$

我们有以下特殊情况:

(i) 如果 $\alpha = 45°$,那么 $\beta = 45°$,所以 Rt$\triangle ABC$ 是等腰直角三角形,并且 $\sin 45° = \cos 45° = \frac{\sqrt{2}}{2}$,以及 $\tan 45° = \cot 45° = 1$.

(ii) 如果 $\alpha = 30°$,那么 $\beta = 60°$. 设点 D 是点 B 关于 AC 的对称点,那么我们有 $\angle ADB = 60°$,所以 $\triangle ABD$ 是等边三角形. AC 是 $\triangle ABD$ 的高,也是 $\triangle ABD$ 的中线,于是 $BC = \frac{BD}{2} = \frac{AB}{2}$. 因此,$\sin 30° = \frac{BC}{AB} = \frac{1}{2}$,于是 $\cos 30° = \frac{\sqrt{3}}{2}, \tan 30° = \frac{\sqrt{3}}{3}, \cot 30° = \sqrt{3}$,还有

$$\cos 60° = \sin 30° = \frac{1}{2}, \sin 60° = \frac{\sqrt{3}}{2}, \tan 60° = \sqrt{3}, \cot 60° = \frac{\sqrt{3}}{3}$$

1.2 单位圆上的三角函数

从直角三角形出发考虑三角函数是一种方便的方法,但是有其局限性. 例如,它迫使我们只考虑 $0° < \theta < 90°$ 范围内的角. 从单位圆出发,考虑三角函数,我们可以得到一个较为完整的情况.

设 ω 是单位圆,即半径是 1,圆心在坐标平面内的原点 $O(0,0)$ 的圆. 如图 1.3,设 A 是

圆 ω 上在第一象限的点，θ 是直线 OA 与 x 轴的夹角. 设 A_1 是过 A 作 x 轴的垂线的垂足. 那么在直角 $\triangle AA_1O$ 中，$AO=1$，$AA_1=\sin\theta$，$OA_1=\cos\theta$，于是 $A=(\cos\theta,\sin\theta)$.

在坐标平面内，我们将从原点出发的射线 l 与 x 轴的正半轴形成的一个标准角（或极角）定义为将 x 轴的正半轴按逆时针方向旋转后与射线 l 重合转过的一个角. 特别地，我们观察到对一切整数 k，$\theta_1=x°$ 的一个标准角等价于 $\theta_2=x°+k\cdot360°$ 的一个标准角. 注意到标准角是有向角. 为方便起见，x 轴的正半轴按逆时针方向旋转的角表示正角，负的标准角是 x 轴的正半轴按顺时针方向旋转一个负的量（绝对值为正）.

对于该平面内的一点 A，我们也可以用 A 到原点的距离 $r=OA$ 以及 OA 与 x 轴的正半轴形成的标准角 θ 来描述 A 的位置（图 1.4）. 这两个坐标称为极坐标，可写成 $A=(r,\theta)$ 的形式. 我们看到虽然极坐标唯一确定点 A，反之却不成立. 点 A 可以用无穷多个不同的极坐标表示.

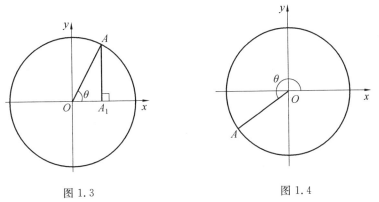

图 1.3　　　　　　　　　　　　　图 1.4

按照这个惯例，现在我们很容易将三角函数推广到一切角. 对于任何角 θ，存在唯一过原点，标准角为 θ 的射线 l. 这条射线将与单位圆 ω 恰相交于一点（点 A 的极坐标为（1，θ））. 用 A 的直角坐标（$\cos\theta$，$\sin\theta$）来定义正弦和余弦，于是极坐标为（1，θ）的点 A 的直角坐标为（$\cos\theta$，$\sin\theta$）. 注意到根据这一定义，恒等式（1.2）对一切角 θ 成立，恰好是 $A(\cos\theta$，$\sin\theta)$ 在单位圆上这一命题. 利用我们在上面看到的公式：

$$\tan\theta=\frac{\sin\theta}{\cos\theta},\quad \cot\theta=\frac{\cos\theta}{\sin\theta},\quad \sec\theta=\frac{1}{\cos\theta},\quad \csc\theta=\frac{1}{\sin\theta}$$

只要分母不等于零，可用正弦和余弦定义另外几个三角函数. 注意到这可以使 $\tan\theta$ 是直线 OA 的斜率.

作为一个几何学者，将三角函数看作一个角的度数的函数是很自然的，但是还存在另一种更好的解析方法. 假定我们从单位圆 ω 上的点（1，0）出发按逆时针方向沿着单位圆走一段距离 θ（这里我们采用数学惯例：如果 θ 为负的，那么我们按顺时针方向走一段距离 $-\theta=|\theta|$）. 此时我们将位于点 $A(\cos\theta,\sin\theta)$. 当我们考虑它的时候，我们用弧度来度

量角度,这个距离 θ 称为 x 轴的正半轴和射线 OA 之间夹角的弧度.

当我们在研究三角学的时候,这就导致一个巨大的潜在的混淆:用度数还是用弧度来度量一个角? 我们相信聪明的读者在各种情况下都能分辨出来.绕单位圆一整圈是 $360°$ 或者 2π 弧度(单位圆的周长).因此一个 $n°$ 的角就是 $\frac{\pi n}{180}$ 弧度的角.于是一个 $45°$ 的角就是 $\frac{\pi}{4}$ 弧度的角,我们有

$$\sin\frac{\pi}{4}=\cos\frac{\pi}{4}=\frac{\sqrt{2}}{2}, \quad \tan\frac{\pi}{4}=\cot\frac{\pi}{4}=1$$

类似地,$30°$ 和 $60°$ 分别是 $\frac{\pi}{6}$ 和 $\frac{\pi}{3}$ 弧度,于是得到

$$\sin\frac{\pi}{6}=\cos\frac{\pi}{3}=\frac{1}{2}, \quad \cos\frac{\pi}{6}=\sin\frac{\pi}{3}=\frac{\sqrt{3}}{2}$$

$$\tan\frac{\pi}{6}=\cot\frac{\pi}{3}=\frac{\sqrt{3}}{3}, \quad \cot\frac{\pi}{6}=\tan\frac{\pi}{3}=\sqrt{3}$$

用两种方法度量一个角似乎是个错误,或者至少是一个不必要的麻烦.但是以弧度处理的优势在解析上是十分巨大的,并且消除了这个不必要的麻烦.因为本书并不是数学分析的教科书,我们对此不细述,但是至少我们能解释其原因.假定 θ 很小.单位圆在点 $(1,0)$ 附近十分接近点 $(1,0)$ 处的切线,即竖直方向的直线 $x=1$.如果我们沿着切线而不是沿着单位圆走距离 θ,则将到达点 $(1,\theta)$ 而不是点 $(\cos\theta,\sin\theta)$.因此当 θ 很小,并以弧度度量时,我们有 $\sin\theta\approx\theta$,事实上,当 $\theta>0$ 时有 $\sin\theta<\theta$.利用这一点,我们还得到 $\cos\theta=\sqrt{1-\sin^2\theta}\approx1-\frac{1}{2}\theta^2$.我们可以将此推进便得到正弦和余弦的更好的近似值,但是关键在于当角是以弧度表示时这些公式是由很少的无关常数表示的.

因为三角函数与单位圆的关系密切(其实三角函数有时称为圆函数),所以圆的所有的对称性都会导致三角函数的对称性.如果我们绕单位圆走整 k 圈,则将回到起点.用三角函数表示,这就是说,对于一切整数 k,有 $\sin(\theta+k\cdot360°)=\sin\theta$ 和 $\cos(\theta+k\cdot360°)=\cos\theta$.也就是说,正弦和余弦是以 $360°$ 为周期的周期函数.因为 $\tan\theta$ 是过点 O 和点 $A(\cos\theta,\sin\theta)$ 的直线的斜率,又因为绕单位圆半圈就能给出同样的斜率,所以我们看到对一切整数 k,有 $\tan(\theta+k\cdot180°)=\tan\theta$ 和 $\cot(\theta+k\cdot180°)=\cot\theta$.因此正切和余切是以 $180°$ 为周期的周期函数(此外,我们也可以用弧度制写成 $\sin(\theta+2k\pi)=\sin\theta,\cos(\theta+2k\pi)=\cos\theta,\tan(\theta+k\pi)=\tan\theta$ 和 $\cot(\theta+k\pi)=\cot\theta$.因此弧度制中周期分别是 2π 和 π).

现在假定 $A=(\cos\theta,\sin\theta)$.设 B 是圆 ω 上与 A 相对的点.因为 A 和 B 关于原点对称,我们有 $B=(-\cos\theta,-\sin\theta)$,因此

$$\sin(\theta \pm 180°) = -\sin\theta, \quad \cos(\theta \pm 180°) = -\cos\theta$$

或者写成弧度制,即

$$\sin(\theta \pm \pi) = -\sin\theta, \quad \cos(\theta \pm \pi) = -\cos\theta$$

类似地,观察到关于 y 轴、x 轴和直线 $y = x$ 对称,我们可以证明

$$\sin(180° - \theta) = \sin\theta, \quad \cos(180° - \theta) = -\cos\theta$$

$$\sin(-\theta) = -\sin\theta, \quad \cos(-\theta) = \cos\theta$$

$$\sin(90° - \theta) = \cos\theta, \quad \cos(90° - \theta) = \sin\theta$$

将这些公式结合起来,我们还得到

$$\sin(\theta \pm 90°) = \pm\cos\theta, \quad \cos(\theta \pm 90°) = \mp\sin\theta$$

用弧度制,可得

$$\sin(\pi - \theta) = \sin\theta, \quad \cos(\pi - \theta) = -\cos\theta$$

$$\sin(-\theta) = -\sin\theta, \quad \cos(-\theta) = \cos\theta$$

$$\sin(\frac{\pi}{2} - \theta) = \cos\theta, \quad \cos(\frac{\pi}{2} - \theta) = \sin\theta$$

以及

$$\sin(\theta \pm \frac{\pi}{2}) = \pm\cos\theta, \quad \cos(\theta \pm \frac{\pi}{2}) = \mp\sin\theta$$

现在我们来看单位圆的旋转. 根据定义,逆时针旋转一个角 θ 使点 $(1,0)$ 变为点 $(\cos\theta, \sin\theta)$. 这也将点 $(0,1)$ 变为点 $(-\sin\theta, \cos\theta)$(这可以从上面的例子推出). 因为一次旋转就是一个线性映射,这就是说,旋转将把点 (x,y) 变为点 (x', y'),其中

$$x' = x\cos\theta - y\sin\theta, \quad y' = x\sin\theta + y\cos\theta$$

如果 $(x,y) = (\cos\varphi, \sin\varphi)$,那么逆时针旋转一个角 θ 将给出点 $(x', y') = (\cos(\varphi + \theta), \sin(\varphi + \theta))$,于是推得

$$\cos(\varphi + \theta) = \cos\varphi\cos\theta - \sin\varphi\sin\theta$$

$$\sin(\varphi + \theta) = \sin\varphi\cos\theta + \sin\theta\cos\varphi$$

还有

$$\tan(\varphi + \theta) = \frac{\sin(\varphi + \theta)}{\cos(\varphi + \theta)} = \frac{\sin\varphi\cos\theta + \sin\theta\cos\varphi}{\cos\varphi\cos\theta - \sin\varphi\sin\theta}$$

将上面最后一个表达式的分子和分母都除以 $\cos\varphi\cos\theta$,得到

$$\tan(\varphi + \theta) = \frac{\tan\varphi + \tan\theta}{1 - \tan\varphi\tan\theta}$$

(当然只要分母为非零的). 将以上各式与公式 $\sin(-\theta) = -\sin\theta, \cos(-\theta) = \cos\theta$ 相结合,就得到三角函数的最重要的公式.

加减法公式

$$\cos(\alpha \pm \beta) = \cos\alpha\cos\beta \mp \sin\alpha\sin\beta$$

$$\sin(\alpha \pm \beta) = \sin\alpha\cos\beta \pm \cos\alpha\sin\beta$$

$$\tan(\alpha \pm \beta) = \frac{\tan\alpha \pm \tan\beta}{1 \mp \tan\alpha\tan\beta}$$

由这些公式,我们可以证明以下公式(这些公式对于读者都是很好的练习).

二倍角公式

$$\sin 2\alpha = 2\sin\alpha\cos\alpha$$

$$\cos 2\alpha = \cos^2\alpha - \sin^2\alpha = 2\cos^2\alpha - 1 = 1 - 2\sin^2\alpha$$

$$\tan 2\alpha = \frac{2\tan\alpha}{1 - \tan^2\alpha}$$

三倍角公式

$$\sin 3\alpha = 3\sin\alpha - 4\sin^3\alpha$$

$$\cos 3\alpha = 4\cos^3\alpha - 3\cos\alpha$$

$$\tan 3\alpha = \frac{3\tan\alpha - \tan^3\alpha}{1 - 3\tan^2\alpha}$$

利用二倍角公式可以证明几个半角公式如下

$$\sin\frac{\alpha}{2} = \pm\sqrt{\frac{1 - \cos\alpha}{2}}, \quad \cos\frac{\alpha}{2} = \pm\sqrt{\frac{1 + \cos\alpha}{2}}$$

以及半角公式

$$\sin\alpha = \frac{2\tan\frac{\alpha}{2}}{1 + \tan^2\frac{\alpha}{2}}$$

$$\cos\alpha = \frac{1 - \tan^2\frac{\alpha}{2}}{1 + \tan^2\frac{\alpha}{2}}$$

$$\tan\alpha = \frac{2\tan\frac{\alpha}{2}}{1 - \tan^2\frac{\alpha}{2}}$$

证明 由二倍角公式,我们有

$$\sin 2\alpha = 2\sin\alpha\cos\alpha$$

$$= 2\cos^2\alpha \cdot \frac{\sin\alpha\cos\alpha}{\cos^2\alpha}$$

$$= 2\cos^2\alpha \cdot \tan\alpha$$

$$= \frac{2\tan \alpha \cos^2 \alpha}{\sin^2 \alpha + \cos^2 \alpha}$$

$$= \frac{2\tan \alpha}{1 + \tan^2 \alpha}$$

以及

$$\cos 2\alpha = \cos^2 \alpha - \sin^2 \alpha$$

$$= \cos^2 \alpha (1 - \frac{\sin^2 \alpha}{\cos^2 \alpha})$$

$$= \frac{\cos^2 \alpha}{\sin^2 \alpha + \cos^2 \alpha}(1 - \tan^2 \alpha)$$

$$= \frac{1 - \tan^2 \alpha}{1 + \tan^2 \alpha}$$

利用变换 $\alpha \rightarrow \frac{\alpha}{2}$，我们即可得到结论.

最后一组公式是非常有用的，如解关于 $\sin \alpha$ 和 $\cos \alpha$ 的方程，那么我们可以定义 $t = \tan \frac{\alpha}{2}$，就得到关于单变量 t 的方程.

和差化积公式为

$$\sin \alpha \pm \sin \beta = 2\sin \frac{\alpha \pm \beta}{2}\cos \frac{\alpha \mp \beta}{2}$$

$$\cos \alpha + \cos \beta = 2\cos \frac{\alpha + \beta}{2}\cos \frac{\alpha - \beta}{2}$$

$$\cos \alpha - \cos \beta = 2\sin \frac{\alpha + \beta}{2}\sin \frac{\beta - \alpha}{2}$$

$$\tan \alpha \pm \tan \beta = \frac{\sin(\alpha \pm \beta)}{\cos \alpha \cos \beta}$$

证明　我们只证明加法公式，因为其他公式很容易推导出来. 设 $a = \frac{\alpha + \beta}{2}, b = \frac{\alpha - \beta}{2}$，我们有

$$\sin \alpha + \sin \beta = \sin(a + b) + \sin(a - b)$$

$$= \sin a\cos b + \sin b\cos a + \sin a\cos b - \sin b\cos a$$

$$= 2\sin a\cos b$$

$$= 2\sin \frac{\alpha + \beta}{2}\cos \frac{\alpha - \beta}{2}$$

$$\cos \alpha + \cos \beta = \cos(a + b) + \cos(a - b)$$

$$= \cos a\cos b - \sin a\sin b + \cos a\cos b + \sin a\sin b$$

$$= 2\cos a\cos b$$

$$= 2\cos\frac{\alpha+\beta}{2}\cos\frac{\alpha-\beta}{2}$$

$$\tan\alpha+\tan\beta = \frac{\sin\alpha}{\cos\alpha}+\frac{\sin\beta}{\cos\beta}$$

$$= \frac{\sin\alpha\cos\beta+\sin\beta\cos\alpha}{\cos\alpha\cos\beta}$$

$$= \frac{\sin(\alpha+\beta)}{\cos\alpha\cos\beta}$$

1.3 三角函数的微积分

微积分是理解函数极其重要的工具. 尽管这已经超出本书的范围,但是在提高题中有少量的问题可从对三角函数的微积分的理解中获益,所以我们需要在此稍做讨论. 以前从未见过微积分的读者可以跳过这一部分,但是,即便对于新手,我们还是希望其对微积分至少有些理解.

微积分的主要工具是导数. 给出函数 $f(x)$,导数用符号 $f'(x)$ 或 $\frac{\mathrm{d}f}{\mathrm{d}x}$ 表示,其意义是 $f(x)$ 的瞬时变化率. 即使你以前从未见过微积分,你也应该清楚微积分多么有用. 例如,如果改变量是正的,那么函数递增. 定义导数,特别是确定导数是否存在是一个技术问题,但是对于三角函数(本节中全部用弧度制表示),我们可以利用几何知识得到答案.

假定我们按逆时针方向以单位速度沿着单位圆运动(如果你想象有一条固定在原点,并能够自由转动的绳子拴着我们,并使我们保持在单位圆 ω 上),那么用弧度制表示的正弦和余弦的定义是说在时刻 t 我们将在点 $(\cos t, \sin t)$ 处. 微积分说明我们在时刻 t 的瞬时速度是

$$\left(\frac{\mathrm{d}\cos t}{\mathrm{d}t}, \frac{\mathrm{d}\sin t}{\mathrm{d}t}\right)$$

为了搞清楚这一点,假想有人割断了绳子,那么我们将会在我们当时所面对的方向上以同一个(单位)速度继续运动. 可是这个方向是沿着圆的切线. 因为切线垂直于这条半径,所以它的方向恰好就是半径旋转 $\frac{\pi}{2}$(按逆时针方向,因为我们是在这个方向上运动的),因此它是 $(-\sin t, \cos t)$. 因为这个方向向量有单位长度,它已经被正确地缩放了,所以我们有

$$\frac{\mathrm{d}\cos t}{\mathrm{d}t} = -\sin t, \qquad \frac{\mathrm{d}\sin t}{\mathrm{d}t} = \cos t$$

微积分包括了一整套寻求函数的导数的工具,只要已知这些函数的各个分量的导数,利用这一切我们就能得到由正弦和余弦构成的任何函数的导数.最重要的例子是线性组合,对于任何常数 a 和 b(这显然是有用的),有

$$\frac{\mathrm{d}(af(x)+bg(x))}{\mathrm{d}x}=a\,\frac{\mathrm{d}f(x)}{\mathrm{d}x}+b\,\frac{\mathrm{d}g(x)}{\mathrm{d}x}$$

对于乘法法则

$$\frac{\mathrm{d}f(x)g(x)}{\mathrm{d}x}=\frac{\mathrm{d}f(x)}{\mathrm{d}x}\cdot g(x)+f(x)\cdot\frac{\mathrm{d}g(x)}{\mathrm{d}x}$$

(考虑如果我们对矩形的高和底做很小的改变,那么其面积如何改变).例如,对 $\sin x=\cos x\tan x$ 利用这个乘法法则,我们得到

$$\cos x=\frac{\mathrm{d}\sin x}{\mathrm{d}x}=-\sin x\tan x+\cos x\,\frac{\mathrm{d}\tan x}{\mathrm{d}x}$$

于是整理化简后得到

$$\frac{\mathrm{d}\tan x}{\mathrm{d}x}=\sec^2 x$$

微积分还包括用于解释导数的工具.例如,导数 $f'(x)$ 也是曲线 $y=f(x)$ 的切线的斜率.因此正如我们刚才所说的,正的导数表示递增函数,负的导数表示递减函数.如果这个斜率是一个增函数,那么这个函数就是凸函数.因此,如果 $f''(x)$ 为正的,那么 $f(x)$ 是凸函数,于是 Jensen 不等式适用于 $f(x)$.

1.4 三角函数与复数

考虑欧氏平面 $\mathbf{R}^2$ 内的直角坐标系.对于每一个复数 $z=x+\mathrm{i}y(x,y\in\mathbf{R})$,我们可以用唯一的点 $P(x,y)\in\mathbf{R}^2$ 相联系,通常称为复数 z 的像.

用这一方法我们已经定义了一个双射

$$f:\mathbf{C}\to\mathbf{R}^2$$
$$x+\mathrm{i}y\to(x,y)$$

如果 z 的像是点 P,那么复数 z 称为点 P 的附标.如果我们将 P 的坐标用极坐标表示,那么有

$$\begin{cases}x=\rho\cos\theta\\y=\rho\sin\theta\end{cases}$$

这里 $\rho\in[0,\infty)$ 是线段 OP 的长度,$\theta\in[0,2\pi)$ 是线段 OP 与坐标系的水平轴的正向之间的夹角.

定义 1.1 设 $z=x+iy$ 是一个复数,再设 $P(x,y)$ 和 $O(0,0)$ 是复平面内的两点. 我们定义 z 的辐角为线段 OP 与坐标系的水平轴的正向之间的夹角,用 $\mathrm{Arg}(z)$ 表示,并取逆时针方向.

z 的辐角定义为接近于 2π 的倍数,属于区间 $[0,2\pi)$ 的辐角称为 z 的主值辐角,并用 $\arg(z)$ 表示. 按惯例,我们说,$z=0$ 的辐角无定义.

如果 $z=x+iy$ 是一个复数,且 $|z|=\rho$ 以及 $\arg(z)=\theta$,那么我们有 $x=\rho\cos\theta$ 和 $y=\rho\sin\theta$.

复数的三角表示

设 z 是复数,再设 $\rho\in[0,\infty)$ 是 z 的模,$\theta\in[0,2\pi)$ 是 z 的辐角,那么

$$z=\rho(\cos\theta+i\sin\theta) \tag{1.3}$$

这称为 z 的三角表示.

我们可以用复数的三角表示证明三角恒等式. 但是在此之前,我们需要以下公式.

欧拉公式

对于每一个实数 θ,有

$$e^{i\theta}=\cos\theta+i\sin\theta \tag{1.4}$$

证明 考虑函数

$$f(\theta)=e^{-i\theta}(\cos\theta+i\sin\theta)$$

显然 $f(0)=1$. 此外,微分后,得

$$f'(\theta)=-ie^{-i\theta}(\cos\theta+i\sin\theta)+e^{-i\theta}(i\cos\theta-\sin\theta)=0$$

所以,$f(\theta)$ 是常数,于是 $f(\theta)=1$,即 $e^{i\theta}=\cos\theta+i\sin\theta$.

这就使我们可以做以下考虑.

复数的指数表示

设 z 是复数,再设 $\rho\in[0,\infty)$ 是 z 的模,$\theta\in[0,2\pi)$ 是 z 的辐角,那么

$$z=\rho e^{i\theta} \tag{1.5}$$

这称为 z 的指数表示.

当我们将两个或几个复数相乘或相除时,复数的三角表示是很有用的.

定理 1.2 设

$$z=\rho_1(\cos\theta_1+i\sin\theta_1)$$

和

$$w=\rho_2(\cos\theta_2+i\sin\theta_2)$$

那么:

(a) $zw=\rho_1\rho_2[\cos(\theta_1+\theta_2)+i\sin(\theta_1+\theta_2)]$.

（b）如果 $w \neq 0$，那么 $\dfrac{z}{w} = \dfrac{\rho_1}{\rho_2}[\cos(\theta_1 - \theta_2) + \mathrm{i}\sin(\theta_1 - \theta_2)]$.

证明 我们可以写成 $z = \rho_1 \mathrm{e}^{\mathrm{i}\theta_1}, w = \rho_2 \mathrm{e}^{\mathrm{i}\theta_2}$.

（a）$zw = \rho_1 \mathrm{e}^{\mathrm{i}\theta_1} \cdot \rho_2 \mathrm{e}^{\mathrm{i}\theta_2} = \rho_1 \rho_2 \mathrm{e}^{\mathrm{i}(\theta_1 + \theta_2)} = \rho_1 \rho_2 [\cos(\theta_1 + \theta_2) + \mathrm{i}\sin(\theta_1 + \theta_2)]$.

（b）如果 $w \neq 0$，那么 $\rho_2 \neq 0$，有

$$\frac{z}{w} = \frac{\rho_1 \mathrm{e}^{\mathrm{i}\theta_1}}{\rho_2 \mathrm{e}^{\mathrm{i}\theta_2}} = \frac{\rho_1}{\rho_2} \mathrm{e}^{\mathrm{i}(\theta_1 - \theta_2)} = \frac{\rho_1}{\rho_2}[\cos(\theta_1 - \theta_2) + \mathrm{i}\sin(\theta_1 - \theta_2)]$$

证毕.

用于 $-\theta$ 的欧拉公式以及正弦和余弦的对称性，给出 $\mathrm{e}^{-\mathrm{i}\theta} = \cos\theta - \mathrm{i}\sin\theta$，因此得到三角函数的指数表达式.

对于每一个实数 θ，有

$$\cos\theta = \frac{1}{2}(\mathrm{e}^{\mathrm{i}\theta} + \mathrm{e}^{-\mathrm{i}\theta}), \sin\theta = \frac{1}{2\mathrm{i}}(\mathrm{e}^{\mathrm{i}\theta} - \mathrm{e}^{-\mathrm{i}\theta})$$

以及

$$\tan\theta = \frac{\mathrm{e}^{\mathrm{i}\theta} - \mathrm{e}^{-\mathrm{i}\theta}}{\mathrm{i}(\mathrm{e}^{\mathrm{i}\theta} + \mathrm{e}^{-\mathrm{i}\theta})} = \frac{\mathrm{e}^{2\mathrm{i}\theta} - 1}{\mathrm{i}(\mathrm{e}^{2\mathrm{i}\theta} + 1)} \tag{1.6}$$

我们已经见过的像二倍角和三倍角公式这样的三角恒等式是通过比较复杂的方法得到的. 定理 1.2 和等式（1.6）对于证明许多三角恒等式十分有用，因为它们可以把三角恒等式转化为相当容易的指数恒等式. 例如，我们可以快速而漂亮地证明加减法公式.

加减法公式

$$\cos(\alpha \pm \beta) = \cos\alpha\cos\beta \mp \sin\alpha\sin\beta$$

$$\sin(\alpha \pm \beta) = \sin\alpha\cos\beta \pm \cos\alpha\sin\beta$$

$$\tan(\alpha \pm \beta) = \frac{\tan\alpha \pm \tan\beta}{1 \mp \tan\alpha\tan\beta}$$

证明 我们只证明正弦和余弦的加法公式，其他一些公式可通过对称性和简单的计算得到. 设 $z = \cos\alpha + \mathrm{i}\sin\alpha, w = \cos\beta + \mathrm{i}\sin\beta$. 那么由定理 1.2，得到

$$(\cos\alpha + \mathrm{i}\sin\alpha)(\cos\beta + \mathrm{i}\sin\beta) = \cos(\alpha + \beta) + \mathrm{i}\sin(\alpha + \beta)$$

将左边乘开，得到

$$(\cos\alpha\cos\beta - \sin\alpha\sin\beta) + \mathrm{i}(\sin\alpha\cos\beta + \cos\alpha\sin\beta) = \cos(\alpha + \beta) + \mathrm{i}\sin(\alpha + \beta)$$

现在比较两边的实部和虚部，就得到余弦和正弦的加法公式.

Dě Moivre 公式

设 $z = \rho(\cos\theta + \mathrm{i}\sin\theta)$ 是复数，那么对一切 $n \in \mathbf{N}$，有

$$z^n = \rho^n(\cos n\theta + \mathrm{i}\sin n\theta)$$

如果 $z \neq 0$,那么对任何 $n \in \mathbf{Z}$,上述公式都成立.

证明 如果 $n > 0$,利用定理 1.2 的 (i),$z = z_1 = \cdots = z_n$,我们得到

$$z^n = \underbrace{\rho \cdot \rho \cdot \cdots \cdot \rho}_{n \uparrow}(\cos(\underbrace{\theta + \theta + \cdots + \theta}_{n \uparrow}) + \mathrm{i}\sin(\underbrace{\theta + \theta + \cdots + \theta}_{n \uparrow}))$$

$$= \rho^n(\cos n\theta + \mathrm{i}\sin n\theta)$$

如果 $z \neq 0$,当 $n = 0$ 时公式显然成立. 当 $n < 0$ 时,取 $-n = m$ 是为了有

$$z^n = z^{-m} = \frac{1}{z^m}$$

$$= \frac{1}{\rho^m(\cos m\theta + \mathrm{i}\sin m\theta)}$$

$$= \rho^n(\cos m\theta - \mathrm{i}\sin m\theta)$$

$$= \rho^n(\cos n\theta + \mathrm{i}\sin n\theta)$$

满足 $|z| = 1$ 的点的几何轨迹是圆心在原点,半径为 1 的圆,这个圆称为单位圆. 单位圆上的一切点都有三角表达式 $z = \cos\theta + \mathrm{i}\sin\theta$,单位圆外的一切点对某个 $\rho < 1$ 都有三角表达式 $z = \rho(\cos\theta + \mathrm{i}\sin\theta)$,单位圆内的一切点对某个 $\rho > 1$ 都有三角表达式 $z = \rho(\cos\theta + \mathrm{i}\sin\theta)$.

1.5 反三角函数

在处理三角函数时,如果我们能够解出与之有关的三角函数的方程,那么反三角函数就有用了. 最简单的这样的方程就是对函数求逆. 因为三角函数是周期函数,不是一一对应的,所以在严格意义上说它们是没有反函数的. 但是限制在一个标准的主值范围内,我们就能安排唯一的反函数了. 这样生成的函数称为反三角函数,记作 arcsin,arccos,arctan 等.

我们从正弦开始. 如果给出 $s \in [-1, 1]$,那么满足 $\sin\theta = s$ 的点将对应于单位圆 ω 与水平直线 $y = s$ 的交点. 如果 $s > 1$ 或 $s < -1$,那么这个交点属于空集,我们排除这两种情况. 通常有两个交点,它们关于 y 轴对称,因此 $\sin\theta = s$ 总有一个解,这里 $-90° \leqslant \theta \leqslant 90°$(或弧度制 $-\frac{\pi}{2} \leqslant \theta \leqslant \frac{\pi}{2}$),这个解称为反正弦函数,记作 arcsin s 或 $\sin^{-1} s$(第二种记号在老旧的书籍中是常用的,但容易与 csc s 混淆,所以我们一直采用第一种记号). 注意到以下有用的事实:如果 $\sin\alpha = \sin\beta$,那么对于某个整数 k,$\beta = \alpha + 2k\pi$,或者对于某个整数 k,$\beta = (2k+1)\pi - \alpha$. 我们也可叙述为:如果 $\sin\beta = s$,那么对于某个整数 k,$\beta = $ arcsin $s + 2k\pi$,或者对于某个整数 k,$\beta = (2k+1)\pi -$ arcsin s.

对于余弦,答案类似. 给定 $c \in [-1,1]$,那么满足 $\cos \theta = c$ 的点对应于单位圆 ω 与垂直线 $x = c$ 的交点. 通常有两个不同的解,它们关于 x 轴对称. 我们定义反余弦函数 $\arccos c$ 是满足 $0° \leqslant \theta \leqslant 180°$(或弧度制 $0 \leqslant \theta \leqslant \pi$)的解. 如果 $\cos \alpha = \cos \beta$,那么对于某个整数 k,我们有 $\beta = \pm \alpha + 2k\pi$. 如果 $\cos \beta = c$,那么对于某个整数 k,我们有 $\beta = \pm \arccos c + 2k\pi$.

对于正切,我们注意到给出任何实数 t,满足 $\tan \theta = t$ 的点对应于单位圆 ω 与斜率为 t 的直线的交点. 它总有一个解,我们称之为 $\arctan t$,这里 $-90° < \theta < 90°$(或弧度制 $-\dfrac{\pi}{2} < \theta < \dfrac{\pi}{2}$). 如果 $\tan \alpha = \tan \beta$,那么对于某个整数 k,我们有 $\beta = \alpha + k\pi$. 如果 $\tan \beta = t$,那么对于某个整数 k,我们有 $\beta = \arctan t + k\pi$.

我们可以用类似的方法定义余切(这里 θ 的取值范围是 $0° < \theta < 180°$)、正割和余割的反函数(通常定义为 $\operatorname{arcsec} x = \arccos \dfrac{1}{x}$ 和 $\operatorname{arccsc} x = \arcsin \dfrac{1}{x}$,尽管某些书籍给出不同的范围).

1.6　正弦定理

令 $[ABC]$ 表示 $\triangle ABC$ 的面积. 我们有以下正弦定理.

正弦定理

在外接圆的半径为 R 的 $\triangle ABC$ 中,我们有

$$\frac{a}{\sin \alpha} = \frac{b}{\sin \beta} = \frac{c}{\sin \gamma} = 2R$$

证明　我们首先证明以下引理.

引理 1.3　对于 $\triangle ABC$,有 $[ABC] = \dfrac{ab \sin \gamma}{2}$.

证明　设 AD 是 $\triangle ABC$ 的从 A 出发的高,那么 $AD = AC \sin \gamma$,于是

$$[ABC] = \frac{BC \cdot AD}{2} = \frac{BC \cdot AC \sin \gamma}{2} = \frac{ab \sin \gamma}{2}$$

由对称性,我们有

$$[ABC] = \frac{ab \sin \gamma}{2} = \frac{bc \sin \alpha}{2} = \frac{ca \sin \beta}{2}$$

上式的各边都除以 $\dfrac{abc}{2}$,再取倒数,我们得到

$$\frac{a}{\sin \alpha} = \frac{b}{\sin \beta} = \frac{c}{\sin \gamma}$$

现在我们来证明这个公共的比等于 $2R$. 考虑 $\triangle ABC$ 的外接圆,如图 1.5,设 O 和 R 分别为圆心和半径.

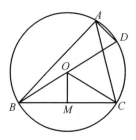

图 1.5

此时,$\angle BOC = 2\angle BAC = 2\alpha$. 设 M 是线段 BC 的中点. 因为 $\triangle OBC$ 是等腰三角形,且 $OB = OC = R$,所以我们有 $OM \perp BC$,$\angle BOM = \angle COM = \alpha$. 在 $\text{Rt}\triangle BMO$ 中,$BM = OB\sin\alpha$,所以

$$\frac{a}{\sin\alpha} = \frac{2BM}{\sin\alpha} = 2OB = 2R$$

注意,这一事实也可以通过延长射线 OB 交外接圆于 D,然后处理 $\text{Rt}\triangle ABD$ 来得到.

1.7 余弦定理

余弦定理

在 $\triangle ABC$ 中,我们有

$$a^2 = b^2 + c^2 - 2bc\cos\alpha$$
$$b^2 = c^2 + a^2 - 2ca\cos\beta$$
$$c^2 = a^2 + b^2 - 2ab\cos\gamma$$

证明 我们只需要证明上述等式之一,其余两个等式同理可得. 设 D 是从 C 出发的直线 AB 的垂线段的垂足. 于是,在 $\text{Rt}\triangle BCD$ 中,$BD = a\cos\beta$,$CD = a\sin\beta$. 于是,$DA = |c - a\cos\beta|$,这里为了证明这一等式,我们分别考虑 $0° < \alpha \leqslant 90°$ 和 $90° < \alpha < 180°$ 这两种情况.

于是,在 $\text{Rt}\triangle ACD$ 中

$$b^2 = CD^2 + AD^2$$
$$= a^2\sin^2\beta + (c - a\cos\beta)^2$$
$$= a^2\sin^2\beta + c^2 + a^2\cos^2\beta - 2ca\cos\beta$$
$$= c^2 + a^2 - 2ca\cos\beta$$

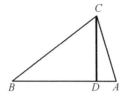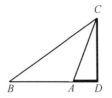

图 1.6

1.8　Ceva 定理

Ceva 线是连接三角形的一个顶点和对边上一点的任何线段.

Ceva 定理

如图 1.7,设 AD, BE, CF 是 $\triangle ABC$ 的三条 Ceva 线. 以下三个命题等价.

(a) AD, BE, CF 共线(即这几条直线经过同一点).

(b) 我们有

$$\frac{\sin\angle ABE}{\sin\angle DAB}\cdot\frac{\sin\angle BCF}{\sin\angle EBC}\cdot\frac{\sin\angle CAD}{\sin\angle FCA}=1$$

(c) 我们有

$$\frac{AF}{FB}\cdot\frac{BD}{DC}\cdot\frac{CE}{EA}=1$$

证明　我们证明(a) 推出(b),(b) 推出(c),(c) 推出(a).

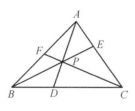

图 1.7

(a)⇒(b).假定线段 AD, BE, CF 相交于点 P. 对 $\triangle ABP$ 应用正弦定理,我们有

$$\frac{\sin\angle ABE}{\sin\angle DAB}=\frac{\sin\angle ABP}{\sin\angle PAB}=\frac{AP}{BP}$$

类似地,对 $\triangle BCP$ 和 $\triangle CAP$ 应用正弦定理,我们得到

$$\frac{\sin\angle BCF}{\sin\angle EBC}=\frac{BP}{CP},\qquad\frac{\sin\angle CAD}{\sin\angle FCA}=\frac{CP}{AP}$$

将这三个等式相乘,即可推得结论.

　　(b)⇒(c).对 $\triangle ABD$ 和 $\triangle ACD$ 应用正弦定理,给出

$$\frac{AB}{BD} = \frac{\sin \angle ADB}{\sin \angle DAB}, \quad \frac{DC}{CA} = \frac{\sin \angle CAD}{\sin \angle ADC}$$

因为 $\angle ADC + \angle ADB = 180°$，我们得到 $\sin \angle ADB = \sin \angle ADC$.

将上面的等式相乘，我们得到

$$\frac{DC}{BD} \cdot \frac{AB}{CA} = \frac{\sin \angle CAD}{\sin \angle DAB}$$

类似地，我们有

$$\frac{AE}{EC} \cdot \frac{BC}{AB} = \frac{\sin \angle ABE}{\sin \angle EBC}, \quad \frac{BF}{FA} \cdot \frac{CA}{BC} = \frac{\sin \angle BCF}{\sin \angle FCA}$$

将上面三个恒等式相乘，即可得到(c).

(c)⇒(a). 设线段 BE 和 CF 相交于 P，射线 AP 交线段 BC 于 D_1. 只需证明 $D = D_1$.
Ceva 线 AD_1, BE 和 CF 共点于 P. 由上面的讨论我们有

$$\frac{AF}{FB} \cdot \frac{BD_1}{D_1C} \cdot \frac{CE}{EA} = 1 = \frac{AF}{FB} \cdot \frac{BD}{DC} \cdot \frac{CE}{EA}$$

这表明 $\frac{BD_1}{D_1C} = \frac{BD}{DC}$. 因为 D 和 D_1 都在线段 BC 上，我们推得 $D = D_1$，证毕.

利用 Ceva 定理，我们可以看到三角形的三条中线、三条高和三条角平分线都共点. 这些公共的点的名称分别是重心(G)、垂心(H) 和内心(I).

注意到 Ceva 定理可以以这样的方式推广：公共的点不必在三角形的内部；可以认为 Ceva 线是联结一个顶点和对边所在直线上的一点的线段，但是这需要讨论带符号的长度.

1.9 Menelaus 定理

Ceva 定理涉及的是直线的共点，而 Menelaus 定理涉及的是点的共线. 完整的定理还需要提及带符号的长度，但是我们只考虑一个弱版本，不考虑带符号的长度.

Menelaus 定理 (弱版本)

给定 $\triangle ABC$，如图 1.8，设 F, G, H 分别是直线 BC, CA, AB 上的点. 如果 F, G, H 共线，那么

$$\frac{AH}{HB} \cdot \frac{BF}{FC} \cdot \frac{CG}{GA} = 1$$

证明 对 $\triangle AGH$, $\triangle BFH$, $\triangle CFG$ 应用正弦定理，得到

$$\frac{AH}{GA} = \frac{\sin \angle AGH}{\sin \angle GHA}, \quad \frac{BF}{HB} = \frac{\sin \angle BHF}{\sin \angle HFB}, \quad \frac{CG}{FC} = \frac{\sin \angle GFC}{\sin \angle CGF}$$

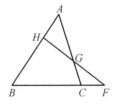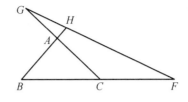

图 1.8

因为

$$\sin \angle AGH = \sin \angle CGF$$

$$\sin \angle BHF = \sin \angle GHA$$

$$\sin \angle GFC = \sin \angle HFB$$

所以将以上三式相乘即给出所需的结果.

1.10　例　　题

例 1　当 $n = 1, 2, \cdots$ 时,设

$$f_n(x) = \frac{1}{n}(\sin^n x + \cos^n x)$$

证明:对一切实数 x, $f_4(x) - f_6(x) = \frac{1}{12}$.

证明　我们需要证明对一切实数 x,有

$$3(\sin^4 x + \cos^4 x) - 2(\sin^6 x + \cos^6 x) = 1 \qquad (1.7)$$

因为

$$\sin^4 x + \cos^4 x = (\sin^2 x + \cos^2 x)^2 - 2\sin^2 x \cos^2 x = 1 - 2\sin^2 x \cos^2 x$$

和

$$\sin^6 x + \cos^6 x = (\sin^2 x + \cos^2 x)^3 - 3\sin^2 x \cos^2 x (\sin^2 x + \cos^2 x)$$

$$= 1 - 3\sin^2 x \cos^2 x$$

我们看出(1.7)左边等于

$$3(1 - 2\sin^2 x \cos^2 x) - 2(1 - 3\sin^2 x \cos^2 x) = 1$$

这就是要证明的.

例 2　求一切正整数 n,使得存在实常数 c,对一切实数 x,有

$$(c + 1)(\sin^{2n} x + \cos^{2n} x) - c(\sin^{2(n+1)} x + \cos^{2(n+1)} x) = 1$$

解　设 $f_n(c, x)$ 是以上等式的左边.此时对一切实数 x,有

$$f_1(0, x) = \sin^2 x + \cos^2 x = 1$$

对一切 x，也有

$$f_2(2,x)=3(\sin^4 x+\cos^4 x)-2(\sin^6 x+\cos^6 x)$$
$$=3(\sin^2 x+\cos^2 x)^2-2(\sin^2 x+\cos^2 x)^3+6\sin^2 x\cos^2 x(\sin^2 x+\cos^2 x-1)$$
$$=1$$

现在假定 $n\geqslant 3$，我们有

$$f_n(c,\frac{\pi}{4})=\frac{c+2}{2^n}=1$$

所以 $c=2^n-2$．同时有

$$f_n(c,\frac{\pi}{3})=\frac{(c+1)(3^n+1)}{4^n}-\frac{c(3^{n+1}+1)}{4^{n+1}}=1$$

所以

$$c=\frac{4^{n+1}-4(3^n+1)}{3^n+3}$$

使这两个关于 c 的表达式相等，我们得到

$$4^{n+1}+2=6^n+2\cdot 3^n+3\cdot 2^n$$

容易验证，当 $n=3$ 时，上式不成立．

此外，因为 $4^5<6^4$，我们推得对一切 $n\geqslant 4$，有 $4^{n+1}<6^n$．于是对于一切 $n\geqslant 4$，上式也不成立．于是，$n=1$ 和 2 是仅有的这样的整数．

例 3 化简表达式

$$\sqrt{\sin^4 x+4\cos^2 x}+\sqrt{\cos^4 x+4\sin^2 x}$$

解 原式等于

$$\sqrt{\sin^4 x+4\cos^2 x}+\sqrt{\cos^4 x+4\sin^2 x}=\sqrt{(2-\sin^2 x)^2}+\sqrt{(2-\cos^2 x)^2}$$
$$=(2-\sin^2 x)+(2-\cos^2 x)$$
$$=4-(\sin^2 x+\cos^2 x)=3$$

例 4 求

$$\frac{1}{\sin^4 x+\cos^2 x}+\frac{1}{\sin^2 x+\cos^4 x}$$

的最大值和最小值．

解 注意到

$$\sin^4 x+\cos^2 x=\sin^4 x-\sin^2 x+1=\sin^2 x(\sin^2 x-1)+1$$
$$=1-\sin^2 x\cos^2 x=1-\frac{1}{4}\sin^2 2x$$

以及

$$\sin^2 x + \cos^4 x = 1 + \cos^4 x - \cos^2 x = 1 + \cos^2 x (\cos^2 x - 1)$$

$$= 1 - \sin^2 x \cos^2 x = 1 - \frac{1}{4}\sin^2 2x$$

所以

$$\frac{1}{\sin^4 x + \cos^2 x} + \frac{1}{\sin^2 x + \cos^4 x} = \frac{2}{1 - \frac{1}{4}\sin^2 2x}$$

由于

$$\frac{3}{4} \leqslant 1 - \frac{1}{4}\sin^2 2x \leqslant 1$$

这表明

$$2 \leqslant \frac{2}{1 - \frac{1}{4}\sin^2 2x} \leqslant \frac{8}{3}$$

于是

$$\frac{1}{\sin^4 x + \cos^2 x} + \frac{1}{\sin^2 x + \cos^4 x}$$

的最大值是 $\frac{8}{3}$,当 $x = (2n+1)\frac{\pi}{4}$ 时取得,这里 n 是任意整数.

$$\frac{1}{\sin^4 x + \cos^2 x} + \frac{1}{\sin^2 x + \cos^4 x}$$

的最小值是 2,当 $x = \frac{n\pi}{2}$ 时取得,这里 n 是任意整数.

例 5　设 x 在区间 $(0, \frac{\pi}{2})$ 内,满足 $\sin x - \cos x = \frac{1}{2}$. 此时

$$\sin^3 x + \cos^3 x = \frac{m\sqrt{p}}{n}$$

其中 m, n, p 是两两互质的正整数,p 不能被任何质数的平方整除. 求 $m + n + p$.

解　因为 $(\sin x + \cos x)^2 + (\sin x - \cos x)^2 = 2$,且 x 在区间 $(0, \frac{\pi}{2})$ 内,所以可以

推出 $\sin x + \cos x = \frac{\sqrt{7}}{2}$,两边平方后,得到

$$1 + 2\sin x \cos x = \frac{7}{4}$$

这表明

$$\sin x \cos x = \frac{3}{8}$$

因此

$$\sin^3 x + \cos^3 x = (\sin x + \cos x)(\sin^2 x - \sin x \cos x + \cos^2 x)$$

$$= \frac{\sqrt{7}}{2}(1 - \frac{3}{8}) = \frac{5\sqrt{7}}{16}$$

所求的和是 $5 + 16 + 7 = 28$.

例 6 设 x 是实数,满足 $3\sin^4 x - 2\cos^6 x = -\dfrac{17}{25}$. 此时

$$3\cos^4 x - 2\sin^6 x = \frac{m}{n}$$

其中 m 和 n 是互质的正整数. 求 $10m + n$.

解 注意到

$$-\frac{17}{25} = 3\sin^4 x - 2\cos^6 x = 3\sin^4 x - 2(1 - \sin^2 x)^3$$

$$= 2\sin^6 x - 3\sin^4 x + 6\sin^2 x - 2$$

于是

$$3\cos^4 x - 2\sin^6 x = 3(1 - \sin^2 x)^2 - 2\sin^6 x$$

$$= -(2\sin^6 x - 3\sin^4 x + 6\sin^2 x - 2) + 1$$

$$= \frac{17}{25} + 1 = \frac{42}{25}$$

所求的表达式是 $10 \times 42 + 25 = 445$. 注意到包括 $x \approx 2.623\ 62$(弧度)的 x 的倍数的值也满足原方程,此时的值大约是 $150.322°$.

例 7 在 0 和 $\dfrac{\pi}{2}$ 之间存在一个实数 x,使

$$\frac{\sin^3 x + \cos^3 x}{\sin^5 x + \cos^5 x} = \frac{12}{11}$$

以及 $\sin x + \cos x = \dfrac{\sqrt{m}}{n}$,其中 m 和 n 是正整数,m 不能被任何质数的平方整除. 求 $m + n$.

解 注意到

$$\frac{12}{11} = \frac{\sin^3 x + \cos^3 x}{\sin^5 x + \cos^5 x}$$

$$= \frac{(\sin x + \cos x)(\sin^2 x - \sin x \cos x + \cos^2 x)}{(\sin x + \cos x)(\sin^4 x - \sin^3 x \cos x + \sin^2 x \cos^2 x - \sin x \cos^3 x + \cos^4 x)}$$

$$= \frac{1 - \sin x \cos x}{(\sin^2 x + \cos^2 x)^2 - \sin^2 x \cos^2 x - \sin x \cos x(\sin^2 x + \cos^2 x)}$$

$$= \frac{1 - \sin x \cos x}{1 - (\sin x \cos x)^2 - \sin x \cos x}$$

设 $a = \sin x + \cos x$,此时有

$$a^2 = \sin^2 x + 2\sin x \cos x + \cos^2 x = 1 + 2\sin x \cos x$$

所以 $\sin x \cos x = \dfrac{a^2 - 1}{2}$.将此代入上式得到

$$\frac{12}{11} = \frac{1 - \dfrac{a^2 - 1}{2}}{1 - \left(\dfrac{a^2 - 1}{2}\right)^2 - \dfrac{a^2 - 1}{2}} = \frac{2(3 - a^2)}{5 - a^4}$$

该式可化简为 $6a^4 - 11a^2 + 3 = 0$,这一关于 a^2 的二次方程的解是 $a^2 = \dfrac{3}{2}$ 或 $\dfrac{1}{3}$.但 x 在 0 到 $\dfrac{\pi}{2}$ 的区间内,所以 $\sin x + \cos x$ 在 1 和 $\sqrt{2}$ 之间,于是 a^2 必是 $\dfrac{3}{2}$,$a = \dfrac{\sqrt{6}}{2}$,所求的和是 $6 + 2 = 8$.注意到 $x = \dfrac{\pi}{12}$ 和 $x = \dfrac{5\pi}{12}$ 给出所求的 a 的值.

例 8　假定 a 是实数,满足 $\sin(\pi \cdot \cos a) = \cos(\pi \cdot \sin a)$.求

$$35\sin^2(2a) + 84\cos^2(4a)$$

的值.

解　给定的关系式可改写为

$$\sin(\pi \cdot \cos a) = \sin\left(\frac{\pi}{2} - \pi \cdot \sin a\right)$$

于是对某个整数 k,有

$$\frac{\pi}{2} - \pi \cdot \sin a = \pi \cdot \cos a + 2\pi k$$

或对某个整数 k,有

$$\frac{\pi}{2} - \pi \cdot \sin a + \pi \cdot \cos a = (2k + 1)\pi$$

这两个等式可化简为

$$\sin a + \cos a = \frac{1}{2} - 2k \quad \text{或} \quad \cos a - \sin a = 2k + \frac{1}{2}$$

因为 $\cos a \pm \sin a = \sqrt{2}\cos\left(a \mp \dfrac{\pi}{4}\right)$,所以从上两式左边都在 $[-\sqrt{2}, \sqrt{2}]$ 内,表明在这两种情况下都有 $k = 0$,于是

$$\cos a + \sin a = \frac{1}{2} \quad \text{或} \quad \cos a - \sin a = \frac{1}{2}$$

平方后利用恒等式

$$\sin^2 a + \cos^2 a = 1, \quad 2\sin a\cos a = \sin(2a)$$

推出 $\sin(2a) = \pm\dfrac{3}{4}$. 因此

$$\cos(4a) = 1 - 2\sin^2(2a) = 1 - 2 \cdot \dfrac{9}{16} = -\dfrac{1}{8}$$

所求的和是

$$35\left(\pm\dfrac{3}{4}\right)^2 + 84\left(-\dfrac{1}{8}\right)^2 = 21$$

例 9 设 a 是实数,满足

$$5\sin^4\left(\dfrac{a}{2}\right) + 12\cos a = 5\cos^4\left(\dfrac{a}{2}\right) + 12\sin a$$

存在互质的正整数 m 和 n, $\tan a = \dfrac{m}{n}$. 求 $10m + n$.

解 将原方程改写为

$$12\cos a - 12\sin a = 5\cos^4\left(\dfrac{a}{2}\right) - 5\sin^4\left(\dfrac{a}{2}\right)$$

于是

$$12\cos a - 12\sin a = 5\left[\cos^2\left(\dfrac{a}{2}\right) - \sin^2\left(\dfrac{a}{2}\right)\right] = 5\cos a$$

推得 $\tan a = \dfrac{\sin a}{\cos a} = \dfrac{7}{12}$. 所求的表达式为 $10 \times 7 + 12 = 82$. a 近似于 $0.528\ 1$(弧度)或 30.26(度),满足原方程.

例 10 存在一个正整数 s,满足方程 $64\sin^2(2x) + \tan^2 x + \cot^2 x = 46$ 在区间 $\left(0, \dfrac{\pi}{2}\right)$ 内有 s 个都是形如 $\dfrac{m_k}{n_k}\pi$ 的解,其中 m_k 和 n_k 对于 $k = 1, 2, 3, \cdots, s$ 都是互质的正整数.

求 $(m_1 + n_1) + (m_2 + n_2) + (m_3 + n_3) + \cdots + (m_s + n_s)$.

解 原方程可改写为

$$64\sin^2(2x) + 1 + \dfrac{\sin^2 x}{\cos^2 x} + 1 + \dfrac{\cos^2 x}{\sin^2 x} = 48$$

再改写为

$$64\sin^2(2x) + \dfrac{1}{\cos^2 x} + \dfrac{1}{\sin^2 x} = 48$$

该式等价于

$$16\sin^2(2x) + \dfrac{1}{\sin^2(2x)} = 12$$

去分母后两边乘以 $\cos^2(2x)$,得到

$$0 = \left[16\left(\sin^2(2x)\right)^2 - 12\sin^2(2x) + 1\right] \cdot \cos^2(2x)$$

$$= \left[4\sin^2(2x) + 2\sin(2x) - 1\right]\left[4\sin^2(2x) - 2\sin(2x) - 1\right] \cdot \cos^2(2x)$$

$$= \left[3 - 4\cos^2(2x) + 2\sin(2x)\right]\left[3 - 4\cos^2(2x) - 2\sin(2x)\right] \cdot \cos^2(2x)$$

$$= \left[3\cos(2x) - 4\cos^3(2x) + 2\sin(2x)\cos(2x)\right] \cdot$$

$$\left[3\cos(2x) - 4\cos^3(2x) - 2\sin(2x)\cos(2x)\right]$$

$$= \left[\sin(4x) - \cos(6x)\right]\left[-\sin(4x) - \cos(6x)\right]$$

于是,$4x + 6x = 10x$ 必是 $\dfrac{\pi}{2}$ 的奇数倍. 由此推出 x 必是 $\dfrac{\pi}{20}, \dfrac{3\pi}{20}, \dfrac{5\pi}{20}, \dfrac{7\pi}{20}, \dfrac{9\pi}{20}$ 之一,由于 $\dfrac{5\pi}{20} = \dfrac{\pi}{4}$ 是上面乘以 $\cos^2(2x)$ 引入的增解,故所求的解是 $\dfrac{\pi}{20}, \dfrac{3\pi}{20}, \dfrac{7\pi}{20}$ 和 $\dfrac{9\pi}{20}$,所求的和是

$$(1 + 20) + (3 + 20) + (7 + 20) + (9 + 20) = 100$$

例 11　对于 $x \in \mathbf{R}$,设

$$f(x) = \sin x - \frac{3}{4}\cos x$$

和

$$g(x) = \frac{4}{3}\sin^3 x - \cos^3 x$$

求 $|f(x) - g(x)|$ 的最大的可能值.

解　我们有

$$\sin^3 x = \frac{3\sin x - \sin 3x}{4}$$

和

$$\cos^3 x = \frac{3\cos x + \cos 3x}{4}$$

因此

$$g(x) = \sin x - \frac{1}{3}\sin 3x - \frac{3}{4}\cos x - \frac{1}{4}\cos 3x$$

由 Cauchy-Schwarz 不等式

$$|f(x) - g(x)| = \left|\frac{1}{3}\sin 3x + \frac{1}{4}\cos 3x\right|$$

$$\leqslant \sqrt{\frac{1}{3^2} + \frac{1}{4^2}} \cdot \sqrt{\sin^2 3x + \cos^2 3x}$$

$$= \frac{5}{12}$$

当且仅当 $3\sin 3x = 4\cos 3x$,即 $\tan 3x = \dfrac{4}{3}$,亦即 $x = \dfrac{1}{3}\left(\arctan\dfrac{4}{3} + k\pi\right)$ 时取到最大值,

其中 $k \in \mathbf{Z}$.

例 12 设 $a \in \left[0, \dfrac{\pi}{2}\right]$,满足 $\sin a - \cos a = 0.68$.

求 $\sin 3a - \cos 3a$ 的值.

解 将已知条件 $\sin a - \cos a = \dfrac{17}{25}$ 平方后得到

$$1 - 2\sin a\cos a = \frac{289}{625}$$

于是

$$2\sin a\cos a = \frac{336}{625}$$

所以

$$(\sin a + \cos a)^2 = 1 + 2\sin a\cos a = 1 + \frac{336}{625} = \frac{961}{625}$$

这表明

$$\sin a + \cos a = \frac{31}{25}$$

于是

$$
\begin{aligned}
\sin 3a - \cos 3a &= 3\sin a - 4\sin^3 a - (4\cos^3 a - 3\cos a) \\
&= 3(\sin a + \cos a) - 4(\sin^3 a + \cos^3 a) \\
&= (\sin a + \cos a)[3 - 4(\sin^2 a - \sin a\cos a + \cos^2 a)] \\
&= \frac{31}{25}(-1 + 4\sin a\cos a) \\
&= \frac{31}{25} \cdot \frac{47}{625} = \frac{1\,457}{15\,625}
\end{aligned}
$$

例 13 设 $a \in [0, \pi]$,满足 $\dfrac{1}{3}\sin a - \dfrac{1}{7}\cos a = \dfrac{1}{2\,017}$. 如果 $|\tan a| = \dfrac{m}{n}$,其中 m 和 n 是互质的正整数. 求 $m + n$.

解 我们有

$$7\sin a - 3\cos a = \frac{21}{2\,017}$$

设 $\tan \dfrac{a}{2} = t$. 方程变为

$$\frac{14t}{1 + t^2} - \frac{3(1 - t^2)}{1 + t^2} = \frac{21}{2\,017}$$

即

$$28\ 238t - 6\ 051 + 6\ 051t^2 = 21 + 21t^2$$

化简为

$$3\ 015t^2 + 14\ 119t - 3\ 036 = 0$$

于是

$$t_{1,2} = \frac{-14\ 119 \pm 15\ 361}{6\ 030}$$

$$t_1 = -\frac{44}{9}, t_2 = \frac{69}{335}$$

t_1 不可接受,因为它使 $\sin a < 0$,这与 $a \in [0, \pi]$ 矛盾.因此 $t = \frac{69}{335}$,所以

$$\tan a = \frac{2t}{1 - t^2} = \frac{\frac{138}{335}}{1 - \frac{4\ 761}{112\ 225}} = \frac{23\ 115}{53\ 732}$$

因此结果是 76 847.

例 14　设 $a \in (0, \pi)$,满足 $\frac{1}{\sin a} + \cot a = 2\ 020$.

如果对于某个正整数 b,有 $\frac{3}{\sin a} - 2\cot a = 5b + \frac{1}{4b}$,求 b.

解法 1　我们有

$$2\ 020\left(\frac{1}{\sin a} - \cot a\right) = \left(\frac{1}{\sin a} + \cot a\right)\left(\frac{1}{\sin a} - \cot a\right)$$
$$= \frac{1 - \cos^2 a}{\sin^2 a} = 1$$

因此

$$\frac{1}{\sin a} - \cot a = \frac{1}{2\ 020}$$

于是

$$\frac{6}{\sin a} - 4\cot a = \left(\frac{1}{\sin a} + \cot a\right) + 5\left(\frac{1}{\sin a} - \cot a\right) = 2\ 020 + \frac{1}{404}$$

这表明 $\frac{3}{\sin a} - 2\cot a = 1\ 010 + \frac{1}{808}$,所以 $b = 202$.

解法 2　如果我们没有考虑到乘以 $\frac{1}{\sin a} - \cot a$,则有方程 $1 + \cos a = k\sin a$,这里 $k = 2\ 020$.

它有增解 $\cos a = -1$ 或 $a = \pi$.设 $\cos a = x$,我们得到

$$(1 + x)^2 = k^2(1 - x^2)$$

因为 $x \neq -1$,我们得到 $1 + x = k^2(1 - x)$,于是

$$\cos a = \frac{k^2 - 1}{k^2 + 1}, \quad \sin a = \frac{2k}{k^2 + 1}$$

于是

$$\begin{aligned}
\frac{3}{\sin a} - 2\cot a &= \frac{3(k^2 + 1)}{2k} - \frac{2(k^2 - 1)}{2k} \\
&= \frac{k^2 + 5}{2k} \\
&= \frac{k}{2} + \frac{5}{2k} \\
&= 1\,010 + \frac{1}{808}
\end{aligned}$$

所以 $b = 202$.

例 15 设 $a \in (0, \pi)$,满足 $\dfrac{\sqrt{2\,021}}{2}\sin a - \cos a = 1$.

证明:$\cos a > 0$ 以及对于某两个正整数 $m, n \geqslant 2$,有

$$\frac{45}{4}\sin a - \sqrt{\cos a} = \frac{\sqrt{m + 2} - \sqrt{m - 2}}{n}$$

证明 将已知条件改写为

$$\frac{\sin a}{1 + \cos a} = \frac{2}{\sqrt{2\,021}}$$

所以

$$\frac{2\sin \dfrac{a}{2}\cos \dfrac{a}{2}}{2\cos^2 \dfrac{a}{2}} = \frac{2}{\sqrt{2\,021}}$$

推得

$$t = \tan \frac{a}{2} = \frac{2}{\sqrt{2\,021}}$$

因为 $\sin a = \dfrac{2t}{1 + t^2}$ 和 $\cos a = \dfrac{1 - t^2}{1 + t^2}$,我们有

$$\sin a = \frac{\dfrac{4}{\sqrt{2\,021}}}{1 + \dfrac{4}{2\,021}} = \frac{4\sqrt{2\,021}}{2\,025}$$

和

$$\cos a = \frac{1 - \dfrac{4}{2\,021}}{1 + \dfrac{4}{2\,021}} = \frac{2\,017}{2\,025}$$

于是

$$\frac{45}{4}\sin a - \sqrt{\cos a} = \frac{\sqrt{2\,019 + 2} - \sqrt{2\,019 - 2}}{45}$$

问题得证.

例 16 设 t 是实数,满足

$$\sin^8 \frac{t}{2} - \cos^8 \frac{t}{2} = \frac{1}{2\,022}$$

已知 $\cos t$ 满足方程 $ax^3 + bx^2 + cx + 1 = 0$,其中 a, b, c 是整数,求 a, b, c.

解 我们有

$$\left(\sin^4 \frac{t}{2} + \cos^4 \frac{t}{2}\right)\left(\sin^2 \frac{t}{2} + \cos^2 \frac{t}{2}\right)\left(\sin^2 \frac{t}{2} - \cos^2 \frac{t}{2}\right) = \frac{1}{2\,022}$$

这表明

$$\left(1 - 2\sin^2 \frac{t}{2}\cos^2 \frac{t}{2}\right)(-\cos t) = \frac{1}{2\,022}$$

推出

$$1\,011(2 - \sin^2 t)(-\cos t) = 1$$

所以

$$-1\,011(1 + \cos^2 t)\cos t = 1$$

于是

$$1\,011(\cos t)^3 + 1\,011\cos t + 1 = 0$$

得到 $a = 1\,011, b = 0, c = 1\,011$.

例 17 设 $a, b \in \left(0, \dfrac{\pi}{2}\right)$,满足

$$169\sin a\sin b + 559\sin(a + b) + 1\,849\cos a\cos b = 2\,018$$

求 $\tan a\tan b$.

解 已知条件可改写为

$$(13\sin a + 43\cos a)(13\sin b + 43\cos b) = 2\,018$$

由 Cauchy-Schwarz 不等式得

$$(13\sin x + 43\cos x)^2 \leqslant (13^2 + 43^2)(\sin^2 x + \cos^2 x) = 2\,018$$

用 a 和 b 代替 x,我们看到等号成立的情况,所以

$$\frac{\sin a}{13} = \frac{\cos a}{43}, \qquad \frac{\sin b}{13} = \frac{\cos b}{43}$$

因此

$$\tan a\tan b = \left(\frac{13}{43}\right)^2 = \frac{169}{1\,849}$$

例 18 设 x 是 0 与 $\frac{\pi}{2}$ 之间的实数,存在 x 使函数

$$3\sin^2 x + 8\sin x\cos x + 9\cos^2 x$$

取最大值 M. 求 $M + 100\cos^2 x$ 的值.

解 该函数就是

$$3(\sin^2 x + \cos^2 x) + 8\sin x\cos x + 6\cos^2 x = 3 + 4\sin 2x + 3(1 + \cos 2x)$$
$$= 6 + 4\sin 2x + 3\cos 2x$$

由 Cauchy-Schwarz 不等式知,它小于或等于

$$6 + \sqrt{4^2 + 3^2}\,\sqrt{\sin^2 2x + \cos^2 2x} = 11$$

当且仅当 $\dfrac{\sin 2x}{4} = \dfrac{\cos 2x}{3}$ 时等号成立,所以 $\tan 2x = \dfrac{4}{3}$.

这样的一个 x 存在于 0 与 $\frac{\pi}{2}$ 之间,且满足方程,对于这样的 x,有 $\cos 2x = \dfrac{3}{5}$,所以

$$\cos^2 x = \frac{1 + \cos 2x}{2} = \frac{4}{5}$$

所求的值是 $11 + 100\cos^2 x = 11 + 100 \times \dfrac{4}{5} = 91$.

例 19 满足

$$\left(\frac{3}{4} - \sin^2 \alpha\right)\left(\frac{3}{4} - \sin^2 3\alpha\right)\left(\frac{3}{4} - \sin^2 3^2\alpha\right)\left(\frac{3}{4} - \sin^2 3^3\alpha\right) = \frac{1}{256}$$

的最小正角 α 的度数是 $\left(\dfrac{m}{n}\right)^\circ$,这里 m 和 n 是互质的正整数. 求 $m + n$.

解 对于任何实数 x,有

$$4\sin x\left(\frac{3}{4} - \sin^2 x\right) = 3\sin x - 4\sin^3 x = \sin 3x$$

于是

$$\frac{3}{4} - \sin^2 x = \frac{1}{4} \cdot \frac{\sin 3x}{\sin x}$$

推出所求的乘积是

$$\frac{1}{4}\frac{\sin 3\alpha}{\sin \alpha} \cdot \frac{1}{4}\frac{\sin 3^2\alpha}{\sin 3\alpha} \cdot \frac{1}{4}\frac{\sin 3^3\alpha}{\sin 3^2\alpha} \cdot \frac{1}{4}\frac{\sin 3^4\alpha}{\sin 3^3\alpha} = \frac{1}{256} \cdot \frac{\sin 81\alpha}{\sin \alpha}$$

因此推出

$$\frac{\sin 81\alpha}{\sin \alpha}=1$$

因为 α 是使 $180°-\alpha=81\alpha$ 成立最小的 α，所以 $\alpha=\left(\dfrac{90}{41}\right)°$。

所求的和是 $90+41=131$。

例 20　求 $(2-\sec^2 1°)(2-\sec^2 2°)(2-\sec^2 3°)\cdots(2-\sec^2 89°)$ 的值。

解　因为 $\sec 45°=\dfrac{1}{\cos 45°}=\dfrac{1}{\frac{1}{\sqrt{2}}}=\sqrt{2}$，所以该乘积中包括因子

$$2-\sec^2 45°=2-(\sqrt{2})^2=0$$

所求的乘积是 0。

例 21　证明

$$(\sqrt{3}+\tan 1°)(\sqrt{3}+\tan 2°)\cdots(\sqrt{3}+\tan 29°)=2^{29}$$

证明　我们利用公式

$$\tan a+\tan b=\frac{\sin(a+b)}{\cos a\cos b}$$

所以

$$\sqrt{3}+\tan k°=\tan 60°+\tan k°=\frac{\sin(60°+k°)}{\cos 60°\cos k°}=\frac{2\sin(60°+k°)}{\sin(90°-k°)}$$

于是

$$\prod_{k=1}^{29}(\sqrt{3}+\tan k°)=\prod_{k=1}^{29}\frac{2\sin(60°+k°)}{\sin(90°-k°)}=2^{29}$$

这是因为分子的正弦与分母的正弦相同，全约去了。

例 22　证明：$\left(1-\dfrac{\cos 61°}{\cos 1°}\right)\left(1-\dfrac{\cos 62°}{\cos 2°}\right)\cdots\left(1-\dfrac{\cos 119°}{\cos 59°}\right)=1$。

证明　与前两题的思路相同。根据

$$\cos k°-\cos(60°+k°)=2\sin 30°\sin(30°+k°)=\sin(30°+k°)$$

我们得到

$$\prod_{k=1}^{59}\left(1-\frac{\cos(60°+k°)}{\cos k°}\right)=\prod_{k=1}^{59}\frac{\sin(30°+k°)}{\cos k°}$$

$$=\prod_{k=1}^{59}\frac{\sin(30°+k°)}{\sin(90°-k°)}=1$$

这是因为在分子和分母中出现同样的正弦。

例 23 求方程

$$(x^3 - 3x)^2 + (x^2 - 2)^2 = 4$$

的实数解.

解 显然，$x = 0$ 是方程的二重根，所以该方程至多有四个非零解. 首先我们来寻找在区间 $(-2,2]$ 内的非零解. 为此，设 $x = 2\cos t$，这里 $t \in [0, \pi] \backslash \{\frac{\pi}{2}\}$. 因为

$$x^3 - 3x = 2(4\cos^3 t - 3\cos t) = 2\cos 3t$$

以及

$$x^2 - 2 = 2(2\cos^2 t - 1) = 2\cos 2t$$

原方程变为

$$4\cos^2 3t + 4\cos^2 2t = 4$$

可写成

$$2(1 + \cos 6t + 1 + \cos 4t) = 4$$

归结为

$$\cos 6t + \cos 4t = 0$$

于是

$$2\cos 5t\cos t = 0$$

得到

$$t = \frac{\pi}{10}, \frac{3\pi}{10}, \frac{7\pi}{10}, \frac{9\pi}{10}$$

我们又得到四个不同的解，因此求出了所有的解. 最后，解是

$$x = 0, 2\cos\frac{\pi}{10}, 2\cos\frac{3\pi}{10}, 2\cos\frac{7\pi}{10}, 2\cos\frac{9\pi}{10}$$

例 24 求一切复数 z，使得对每一个实数 a 和每一个正整数 n，有

$$(\cos a + z\sin a)^n = \cos na + z\sin na$$

解 设 $a = \frac{\pi}{2}, n = 2$. 我们得到 $z^2 = -1$，所以 $z \in \{\pm i\}$. 由 De Moivre 公式，对一切实数 a 和一切正整数 n，有

$$(\cos a + i\sin a)^n = \cos na + i\sin na$$

以及

$$(\cos a - i\sin a)^n = [\cos(-a) + i\sin(-a)]^n = \cos na - i\sin na$$

所以 $z = \pm i$.

例 25　证明对一切实数 x,y,z，我们有：

(a) $\sin x + \sin y + \sin z - \sin(x+y+z) = 4\sin\dfrac{x+y}{2}\sin\dfrac{x+z}{2}\sin\dfrac{y+z}{2}$.

(b) $\cos x + \cos y + \cos z + \cos(x+y+z) = 4\cos\dfrac{x+y}{2}\cos\dfrac{x+z}{2}\cos\dfrac{y+z}{2}$.

证明　(a) 利用公式

$$\sin a - \sin b = 2\sin\frac{a-b}{2}\cos\frac{a+b}{2}$$

我们得到

$$\sin x - \sin(x+y+z) = -2\sin\frac{y+z}{2}\cos\left(x+\frac{y+z}{2}\right)$$

另外

$$\sin y + \sin z = 2\sin\frac{y+z}{2}\cos\frac{y-z}{2}$$

于是

$$\sin x + \sin y + \sin z - \sin(x+y+z) = 2\sin\frac{y+z}{2}\left[\cos\frac{y-z}{2} - \cos\left(x+\frac{y+z}{2}\right)\right]$$

因此只需证明

$$\cos\frac{y-z}{2} - \cos\left(x+\frac{y+z}{2}\right) = 2\sin\frac{x+y}{2}\sin\frac{x+z}{2}$$

这是公式

$$\cos a - \cos b = 2\sin\frac{b-a}{2}\sin\frac{a+b}{2}$$

的另一种形式.

(b) 我们可以进行类似的过程，或者利用积化和差公式

$$2\cos a\cos b = \cos(a-b) + \cos(a+b)$$

所以，我们有

$$4\cos\frac{x+y}{2}\cos\frac{x+z}{2}\cos\frac{y+z}{2} = 2\left(\cos\frac{2x+y+z}{2} + \cos\frac{y-z}{2}\right)\cos\frac{y+z}{2}$$

$$= 2\cos\frac{2x+y+z}{2}\cos\frac{y+z}{2} + 2\cos\frac{y-z}{2}\cos\frac{y+z}{2}$$

$$= \cos(x+y+z) + \cos x + \cos y + \cos z$$

细心的读者可能已经注意到使用代换 $x \to \dfrac{\pi}{2} - x$，$y \to \dfrac{\pi}{2} - y$，$z \to \dfrac{\pi}{2} - z$，这两个恒等式可以互相转化（所以，从根本上说，这是一个恒等式的两种形式）.

例 26　证明：在 $\triangle ABC$ 中，我们有

$$\cos \frac{A}{2} + \cos \frac{B}{2} + \cos \frac{C}{2} = 4 \sin \frac{\pi + A}{4} \sin \frac{\pi + B}{4} \sin \frac{\pi + C}{4}$$

证明   注意到因为 $A + B + C = 180°$, 我们有

$$\cos \frac{A}{2} = \cos \left(90° - \frac{B + C}{2} \right) = \sin \frac{B + C}{2}$$

$\cos \dfrac{B}{2}$ 和 $\cos \dfrac{C}{2}$ 的情况类似. 利用例 25, 我们得到

$$\cos \frac{A}{2} + \cos \frac{B}{2} + \cos \frac{C}{2} - \sin(A + B + C)$$

$$= 4 \sin \frac{(A + B) + (B + C)}{4} \sin \frac{(B + C) + (C + A)}{4} \sin \frac{(C + A) + (A + B)}{4}$$

又 $\sin(A + B + C) = 0$ 以及

$$(A + B) + (B + C) = A + B + C + B = \pi + B$$

同理

$$(B + C) + (C + A) = \pi + C$$

$$(C + A) + (A + B) = \pi + A$$

即得所求的结果.

例 27   证明:

$$(4 \cos^2 9° - 3)(4 \cos^2 27° - 3) = \tan 9°$$

证明   我们利用公式

$$4 \cos^2 x - 3 = \frac{\cos 3x}{\cos x}$$

得到

$$(4 \cos^2 9° - 3)(4 \cos^2 27° - 3) = \frac{\cos 27°}{\cos 9°} \cdot \frac{\cos 81°}{\cos 27°} = \frac{\cos 81°}{\cos 9°}$$

又有

$$\cos 81° = \sin(90° - 81°) = \sin 9°$$

证毕.

例 28   证明: $\tan^2 36° \tan^2 72° = 5$.

证明   注意到 $18°, 36°, 54°, 72°$ 的三角函数基本上都能写成简单的代数式. 特别是, 我们有

$$\cos 36° = \sin 54° = \frac{\sqrt{5} + 1}{4}, \quad \cos 54° = \sin 36° = \frac{\sqrt{10 - 2\sqrt{5}}}{4}$$

和

$$\cos 72° = \sin 18° = \frac{\sqrt{5}-1}{4}, \quad \cos 18° = \sin 72° = \frac{\sqrt{10+2\sqrt{5}}}{4}$$

例如,如果记 $t = \cos 36°$,那么由等式

$$\sin(2 \cdot 36°) = \sin(3 \cdot 36°)$$

我们推得

$$2t\sin 36° = (4t^2 - 1)\sin 36°$$

于是

$$4t^2 - 2t - 1 = 0$$

因为 $t > 0$,我们得到 $t = \frac{\sqrt{5}+1}{4}$,根据基本公式可得到所有其他的值. 当然,观察到这一点就提供了前面的问题的其他解法. 现在回到原题,我们有

$$\tan^2 36° \tan^2 72° = \frac{\sin 36°}{\cos 36°} \cdot \frac{\sin 72°}{\cos 72°} = \frac{2\sin^2 36°}{\cos 72°}$$

$$= \frac{2 - 2\cos^2 36°}{2\cos^2 36° - 1} = \sqrt{5}$$

因为,正如我们所看到的,$\cos 36° = \frac{\sqrt{5}+1}{4}$.

例 29　求 $\dfrac{1}{1+\cot 1°} + \dfrac{1}{1+\cot 5°} + \dfrac{1}{1+\cot 9°} + \cdots + \dfrac{1}{1+\cot 89°}$ 的值.

解　关键是观察到如果 $x + y = 90°$,那么

$$\frac{1}{1+\cot x} + \frac{1}{1+\cot y} = 1$$

事实上,我们有

$$\cot x = \cot(90° - y) = \tan y$$

因此

$$\frac{1}{1+\cot x} + \frac{1}{1+\cot y} = \frac{1}{1+\tan y} + \frac{1}{1+\dfrac{1}{\tan y}}$$

$$= \frac{1}{1+\tan y} + \frac{\tan y}{1+\tan y} = 1$$

故

$$\frac{1}{1+\cot 1°} + \frac{1}{1+\cot 89°} = 1, \quad \frac{1}{1+\cot 5°} + \frac{1}{1+\cot 85°} = 1, \quad \cdots$$

将所有这些关系式相加,考虑到 $\dfrac{1}{1+\cot 45°}$ 这一项(它不能与其他项配对),得到

$$\frac{1}{1+\cot 1°}+\frac{1}{1+\cot 5°}+\frac{1}{1+\cot 9°}+\cdots+\frac{1}{1+\cot 89°}$$

$$=11+\frac{1}{1+\cot 45°}=11+\frac{1}{2}=11.5$$

例 30 证明：$\tan 10°=\tan 20°\tan 30°\tan 40°$.

证明 利用公式

$$\tan x=\frac{\sin x}{\cos x}$$

问题中的等式等价于

$$\sin 10°\cos 20°\cos 30°\cos 40°=\cos 10°\sin 20°\sin 30°\sin 40°$$

现在我们利用恒等式

$$\cos 20°\cos 40°=\frac{\cos 60°+\cos 20°}{2}$$

和

$$\sin 20°\sin 40°=\frac{\cos 20°-\cos 60°}{2}$$

将上面的等式转化为

$$\sin 10°\cos 30°(\cos 60°+\cos 20°)=\sin 30°\cos 10°(\cos 20°-\cos 60°)$$

上式等价于

$$\cos 60°(\sin 10°\cos 30°+\sin 30°\cos 10°)=\cos 20°(\sin 30°\cos 10°-\sin 10°\cos 30°)$$

再利用基本公式，上式就归结为

$$\cos 60°\sin 40°=\cos 20°\sin 20°$$

因为 $\cos 60°=\frac{1}{2}$，上面的等式就归结为当 $x=20°$ 时的基本公式

$$2\sin x\cos x=\sin 2x$$

例 31 证明：对一切 $x\in\mathbf{R}$，有

$$\sin x\sin(60°-x)\sin(60°+x)=\frac{1}{4}\sin 3x$$

和

$$\cos x\cos(60°-x)\cos(60°+x)=\frac{1}{4}\cos 3x$$

证明 因为

$$2\sin(60°-x)\sin(60°+x)=\cos 2x-\cos 120°=\cos 2x+\frac{1}{2}$$

所以只需证明

$$2\sin x\left(\cos 2x + \frac{1}{2}\right) = \sin 3x$$

上式等价于

$$\sin 3x - \sin x = 2\sin x\cos 2x$$

基本恒等式的另一种形式为

$$\sin a - \sin b = 2\sin\frac{a-b}{2}\cos\frac{a+b}{2}$$

对于第二个恒等式,我们提出一种稍微不同的方法.由常用的和差的余弦公式,我们有

$$\cos(60° - x)\cos(60° + x) = \cos^2 60°\cos^2 x - \sin^2 60°\sin^2 x$$

$$= \frac{1}{4}(\cos^2 x - 3\sin^2 x)$$

另外

$$\cos 3x = \cos(2x + x) = \cos 2x\cos x - \sin 2x\sin x$$

$$= (\cos^2 x - \sin^2 x)\cos x - 2\sin^2 x\cos x$$

$$= \cos x(\cos^2 x - 3\sin^2 x)$$

于是

$$\cos x\cos(60° - x)\cos(60° + x) = \frac{1}{4}\cos x(\cos^2 x - 3\sin^2 x) = \frac{1}{4}\cos 3x$$

例 32　证明:$\tan 50° + \tan 60° + \tan 70° = \tan 80°$.

证明　首先验证当 $a + b + c = 180°$ 时

$$\tan a + \tan b + \tan c = \tan a\tan b\tan c$$

(从 $\tan c = -\tan(a + b)$ 开始).在本题的情况下,有

$$\tan 50° + \tan 60° + \tan 70° = \tan 50°\tan 60°\tan 70°$$

$$= \tan 60°\tan(60° - 10°)\tan(60° + 10°)$$

$$= \tan 60° \frac{\sqrt{3} - \tan 10°}{1 + \sqrt{3}\tan 10°} \cdot \frac{\sqrt{3} + \tan 10°}{1 - \sqrt{3}\tan 10°}$$

$$= \frac{1}{\tan 30°} \cdot \frac{1}{\tan 10°} \cdot \frac{3\tan 10° - \tan^3 10°}{1 - 3\tan^2 10°}$$

$$= \frac{1}{\tan 10°} = \cot 10° = \tan 80°$$

我们再一次应用了当 $x = 10°$ 时的三倍角的正切公式

$$\tan 3x = \frac{3\tan x - \tan^3 x}{1 - 3\tan^2 x}$$

注意到我们也可以应用上面的例题推出的

$$\tan x \tan(60° - x) \tan(60° + x) = \tan 3x$$

取 $x = 10°$ 得到结论.

例 33 证明:当 $x \neq k\pi, k \in \mathbf{Z}$ 时,有

$$\frac{1}{2}\tan \frac{x}{2} + \frac{1}{2^2}\tan \frac{x}{2^2} + \cdots + \frac{1}{2^n}\tan \frac{x}{2^n} = \frac{1}{2^n}\cot \frac{x}{2^n} - \cot x$$

证明 利用公式(请读者自行证明)

$$\tan a = \cot a - 2\cot 2a$$

由缩减求和的方法得到所求的结果

$$\sum_{k=1}^{n} \frac{1}{2^k}\tan \frac{x}{2^k} = \sum_{k=1}^{n} \left(\frac{1}{2^k}\cot \frac{x}{2^k} - \frac{1}{2^{k-1}}\cot \frac{x}{2^{k-1}}\right) = \frac{1}{2^n}\cot \frac{x}{2^n} - \cot x$$

例 34 证明:$\cos(56°)\cos(2 \cdot 56°)\cos(2^2 \cdot 56°)\cdots\cos(2^{23} \cdot 56°) = \frac{1}{2^{24}}$.

证明 迭代使用 $\sin x \cos x = \frac{1}{2}\sin 2x$,我们得到

$$\sin x \prod_{k=0}^{23} \cos 2^k x = \frac{1}{2^{24}}\sin 2^{24} x$$

当 $x = 56$ 时,我们有

$$2^{24} \cdot 56 \equiv 56(\bmod 360)$$

因为它等价于

$$7(2^{24} - 1) \equiv 0(\bmod 45)$$

这由欧拉定理(用 $\varphi(45) = 24$)推出,或者由直接计算 $5 \mid 2^4 - 1$ 和 $9 \mid 2^6 - 1$ 推出.

于是 $\sin 2^{24} x = \sin x$,证毕.

例 35 对给定的实数 x,计算

$$\sum_{k=1}^{n} \sin \frac{x}{3^k}\sin \frac{2x}{3^k}$$

解 利用公式

$$2\sin a \sin b = \cos(a - b) - \cos(a + b)$$

我们得到

$$\sin \frac{x}{3^k}\sin \frac{2x}{3^k} = \frac{1}{2}\left(\cos \frac{x}{3^k} - \cos \frac{x}{3^{k-1}}\right)$$

于是我们得到一个缩减求和的方法,值为

$$\sum_{k=1}^{n} \sin \frac{x}{3^k}\sin \frac{2x}{3^k} = \frac{1}{2}\left(\cos \frac{x}{3^n} - \cos x\right)$$

例 36 求

$$\sum_{k=0}^{n}\arctan\frac{1}{k^2+k+1}$$

的值,其中 arctan 表示反正切函数.

解　在解题中我们应用正切的减法公式

$$\tan(a-b)=\frac{\tan a-\tan b}{1+\tan a\tan b}$$

给出反正切的公式

$$\arctan u-\arctan v=\arctan\frac{u-v}{1+uv}$$

为简便起见,设

$$a_k=\arctan k$$

于是这个反正切公式变为

$$a_{k+1}-a_k=\arctan\frac{k+1-k}{1+k(k+1)}=\arctan\frac{1}{k^2+k+1}$$

因此我们要计算的和是

$$\sum_{k=0}^{n}\arctan\frac{1}{k^2+k+1}=\sum_{k=0}^{n}(a_{k+1}-a_k)$$
$$=a_{n+1}-a_0$$
$$=\arctan(n+1)$$

例 37　证明:$\sum_{k=1}^{n}\operatorname{arccot}(2k^2)=\operatorname{arccot}(1+\frac{1}{n})$.

证明　因为当 $x>0$ 时,$\operatorname{arccot}x=\arctan\frac{1}{x}$,利用上面的例题中的公式,我们得到

$$\sum_{k=1}^{n}\operatorname{arccot}(2k^2)=\sum_{k=1}^{n}\arctan\left(\frac{1}{2k^2}\right)=\sum_{k=1}^{n}\arctan\frac{(2k+1)-(2k-1)}{1+(2k+1)(2k-1)}$$
$$=\sum_{k=1}^{n}[\arctan(2k+1)-\arctan(2k-1)]$$
$$=\arctan(2n+1)-\arctan(1)$$
$$=\arctan\frac{2n+1-1}{1+(2n+1)\cdot 1}$$
$$=\arctan\frac{2n}{2n+2}=\operatorname{arccot}\frac{n+1}{n}$$

例 38　设 A_1 是内接于锐角 $\triangle ABC$ 的正方形的中心,该正方形的两个顶点在 BC 上.于是该正方形的其他两个顶点中的一个在 AB 上,另一个在 AC 上.用类似的方法分别对两个顶点在 AC 和 AB 上的内接正方形定义点 B_1,C_1.

证明:AA_1,BB_1,CC_1 共点.

证明　设直线 AA_1 和线段 BC 相交于 A_2. 我们类似地定义 B_2 和 C_2. 由 Ceva 定理，只需证明

$$\frac{\sin \angle BAA_2}{\sin \angle A_2 AC} \cdot \frac{\sin \angle CBB_2}{\sin \angle B_2 BA} \cdot \frac{\sin \angle ACC_2}{\sin \angle C_2 CB} = 1$$

设正方形的顶点是 D, E, T, S, 如图 1.9 所示. 对 $\triangle ASA_1$ 和 $\triangle ATA_1$ 应用正弦定理，得到

$$\frac{|AA_1|}{|SA_1|} = \frac{\sin \angle ASA_1}{\sin \angle SAA_1} = \frac{\sin \angle ASA_1}{\sin \angle BAA_2}$$

以及

$$\frac{|TA_1|}{|AA_1|} = \frac{\sin \angle A_1 AT}{\sin \angle ATA_1} = \frac{\sin \angle A_2 AC}{\sin \angle ATA_1}$$

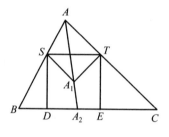

图 1.9

因为 $|A_1 S| = |A_1 T|$, $\angle ASA_1 = \angle B + 45°$, $\angle ATA_1 = \angle C + 45°$, 将上面两个恒等式相乘，得到

$$1 = \frac{|AA_1|}{|SA_1|} \cdot \frac{|TA_1|}{|AA_1|} = \frac{\sin \angle ASA_1}{\sin \angle BAA_2} \cdot \frac{\sin \angle A_2 AC}{\sin \angle ATA_1}$$

这表明

$$\frac{\sin \angle BAA_2}{\sin \angle A_2 AC} = \frac{\sin \angle ASA_1}{\sin \angle ATA_1} = \frac{\sin(B + 45°)}{\sin(C + 45°)}$$

用同样的方法，我们能证明

$$\frac{\sin \angle CBB_2}{\sin \angle B_2 BA} = \frac{\sin(C + 45°)}{\sin(A + 45°)}$$

和

$$\frac{\sin \angle ACC_2}{\sin \angle C_2 CB} = \frac{\sin(A + 45°)}{\sin(B + 45°)}$$

将这三个恒等式相乘，就得到所求的结果.

例 39　设 a, b, c, d 是区间 $[0, \pi]$ 内的数，且

$$\sin a + 7\sin b = 4(\sin c + 2\sin d)$$

$$\cos a + 7\cos b = 4(\cos c + 2\cos d)$$

证明:$2\cos(a-d)=7\cos(b-c)$.

证明　将两个已知条件改写为

$$\sin a - 8\sin d = 4\sin c - 7\sin b$$
$$\cos a - 8\cos d = 4\cos c - 7\cos b$$

将这两个等式平方后相加,我们得到

$$1+64-16(\cos a\cos d + \sin a\sin d)=16+49-56(\cos b\cos c + \sin b\sin c)$$

由加法定理可推出所求的结论.

例 40　证明:对一切实数 $a,b\geqslant 0$ 和 $0<x<\dfrac{\pi}{2}$,有

$$\left(1+\frac{a}{\sin x}\right)\left(1+\frac{b}{\cos x}\right)\geqslant (1+\sqrt{2ab})^2$$

证明　将两边展开,要证明的不等式变为

$$1+\frac{a}{\sin x}+\frac{b}{\cos x}+\frac{ab}{\sin x\cos x}\geqslant 1+2ab+2\sqrt{2ab}$$

由算术－代数平均不等式,我们得到

$$\frac{a}{\sin x}+\frac{b}{\cos x}\geqslant \frac{2\sqrt{ab}}{\sqrt{\sin x\cos x}}$$

由二倍角公式,我们有

$$\sin x\cos x=\frac{1}{2}\sin 2x\leqslant \frac{1}{2}$$

所以

$$\frac{2\sqrt{ab}}{\sqrt{\sin x\cos x}}\geqslant 2\sqrt{2ab}$$

以及

$$\frac{ab}{\sin x\cos x}\geqslant 2ab$$

将最后三个不等式相结合,就得到所求的结果.

第 2 部分
问　　题

第 2 章　入门题

1. 对于区间 $[0,\pi]$ 内的两个实数 a,b，吉米使用了不正确的公式 $\sin(a+b) = \sin a \sin b + \cos a \cos b$，幸运的是答案并没有错. 已知 $a-b = \dfrac{\pi}{3}$，求 a.

2. 如果 $a \in \left[0, \dfrac{\pi}{2}\right]$，满足 $\dfrac{\sin^3 a + \cos^3 a}{2 - \sin 2a} + \dfrac{\sin^3 a - \cos^3 a}{2 + \sin 2a} = \dfrac{\sqrt{5}-1}{4}$，求 $\dfrac{\pi}{a}$.

3. 设 a 是实数，满足 $\sin^3 a + \sin a \cos a + \cos^3 a = \dfrac{1}{27}$.

求 $\sin^4 a + \sin a \cos a + \cos^4 a$ 的值.

4. 对正整数 $n \geqslant 2$，设 $f_n : \left[0, \dfrac{\pi}{2}\right] \to \mathbf{R}$,
$$f_n(x) = \sqrt[n]{\sin^n x + \cos^n x}$$

已知对某个 $a \in \left[0, \dfrac{\pi}{2}\right]$，有 $f_4(a) = \dfrac{\sqrt{7}}{3}$，求 $f_3(a)$ 的值.

5. 设 $a,b \in (0,\pi)$，满足 $\sin a + \sin b + \cos a - \cos b = 2\sqrt{2}$.

求 $3a + b$.

6. 解方程
$$(\sin x + \cos x)^5 + 4(\sin^5 x + \cos^5 x) = 5$$

7. 解方程
$$2(\sin x + \cos x) + \sec x + \csc x = 4\sqrt{2}$$

8. 解方程
$$(\sin x + \cos x)(\sec x + \csc x)(\tan x + \cot x) = 3$$

9. 在 $\triangle ABC$ 中，$\angle B$ 和 $\angle C$ 是不等于 $45°$ 的锐角. 设 D 是过 A 的高的垂足. 证明：当且仅当
$$\frac{1}{AD - BD} + \frac{1}{AD - CD} = \frac{1}{AD}$$

时，$\angle A$ 是直角.

10. 在菱形 $ABCD$ 中，$AC - BD = (\sqrt{2}+1)(\sqrt{3}+1)$，$11\angle A = \angle B$. 求菱形 $ABCD$ 的面积.

11. 设 $ABCD$ 是圆内接筝形. 证明:当且仅当

$$\frac{AC}{BD} - \frac{BD}{AC} = \frac{1}{\sqrt{2}}$$

时,$3\angle A = \angle C$ 或 $\angle A = 3\angle C$.

12. 在 $\triangle ABC$ 中,$R = 4r$. 证明:当且仅当

$$a - b = \sqrt{c^2 - \frac{ab}{2}}$$

时,$\angle A - \angle B = 90°$.

13. 设 $ABCD$ 是筝形,$\angle A = 5\angle C$,$AB \cdot BC = BD^2$. 求 $\angle B$.

14. 在圆内接筝形 $ABCD$ 中,$\angle A > \angle C$,$2AB^2 + AC^2 + 2AD^2 = 4BD^2$.
证明:$\angle A = 4\angle C$.

15. 证明:在任何 $\triangle ABC$ 中,有

$$\sin \frac{A}{2} + \sin \frac{B}{2} + \sin \frac{C}{2} \leqslant \sqrt{6 + \frac{r}{2R}} - 1$$

16. 在 $\triangle ABC$ 中,边长 $BC = a$,$CA = b$,$AB = c$. 如果

$$(a^2 + b^2 + c^2)^2 = 4a^2b^2 + b^2c^2 + 4c^2a^2$$

求 $\angle A$ 的一切可能的值.

17. 设 α,β,γ 是一个三角形的内角. 证明:

$$\frac{1}{5 - 4\cos \alpha} + \frac{1}{5 - 4\cos \beta} + \frac{1}{5 - 4\cos \gamma} \geqslant 1$$

18. 在 $\triangle ABC$ 中,$\frac{\pi}{7} < \angle A \leqslant \angle B \leqslant \angle C < \frac{5\pi}{7}$. 证明:

$$\sin \frac{7A}{4} - \sin \frac{7B}{4} + \sin \frac{7C}{4} > \cos \frac{7A}{4} - \cos \frac{7B}{4} + \cos \frac{7C}{4}$$

19. 在 $\triangle ABC$ 中,$\angle A < \angle B < \angle C$. 证明:

$$\cos \frac{A}{2}\csc \frac{B-C}{2} + \cos \frac{B}{2}\csc \frac{C-A}{2} + \cos \frac{C}{2}\csc \frac{A-B}{2} < 0$$

20. 在 $\triangle ABC$ 中,设 A,B,C 是用弧度制表示的角的大小. 证明:如果 A,B,C 和 $\cos A$,$\cos B$,$\cos C$ 都是等比数列,那么该三角形是等边三角形.

21. 考虑一个两腰之和等于较大的底的等腰梯形. 证明:两对角线之间所夹的锐角至多是 $60°$.

22. 求方程

$$\tan \pi x = \lfloor \log \pi^x \rfloor - \lfloor \log \lfloor \pi^x \rfloor \rfloor$$

的实数解,其中 $\lfloor a \rfloor$ 表示实数 a 的整数部分,$\log$ 表示以 10 为底的对数.

23. 设三角形的内角 α,β,γ 满足不等式

$$\sin\alpha > \cos\beta,\ \sin\beta > \cos\gamma,\ \sin\gamma > \cos\alpha$$

证明:该三角形是锐角三角形.

24. 是否存在定义在实数集上的函数 $f(x)$,对于一切实数 x 和 y,满足

$$|f(x+y)+\sin x+\sin y|<2$$

25. 在 $\triangle ABC$ 中,垂心是 H,外心是 O. 记 $\angle AOH=\alpha,\angle BOH=\beta,\angle COH=\gamma$. 证明:
$(\sin^2\alpha+\sin^2\beta+\sin^2\gamma)^2=2(\sin^4\alpha+\sin^4\beta+\sin^4\gamma)$.

26. 解方程组

$$\begin{cases} x(x^4-5x^2+5)=y \\ y(y^4-5y^2+5)=z \\ z(z^4-5z^2+5)=x \end{cases}$$

27. 解方程

$$\sqrt[3]{2\sin^2 x}+\sqrt[3]{2\cos^2 x}=\sqrt[3]{\tan^2 x}+\sqrt[3]{\cot^2 x}$$

28. 求表达式 $\dfrac{a-b}{c}$ 的取值范围,其中 a,b,c 是三角形的边长,$\angle A=90°,c\leqslant b$.

29. 设 $\triangle ABC$ 是锐角三角形. 证明:

$$\left(\frac{a+b}{\cos C}\right)^2+\left(\frac{b+c}{\cos A}\right)^2+\left(\frac{c+a}{\cos B}\right)^2\geqslant\frac{16(a+b+c)^2}{3}$$

30. 设 $ABCD$ 是单位正方形. 点 M 和 N 分别在 BC 和 CD 上,且 $\angle MAN=45°$. 证明:

$$1\leqslant MC+NC\leqslant 4-2\sqrt{2}$$

31. 求方程组

$$x-\frac{1}{x}+\frac{2}{y}=y-\frac{1}{y}+\frac{2}{z}=z-\frac{1}{z}+\frac{2}{x}=0$$

的非零实数解.

32. 设 $\triangle ABC$ 是锐角三角形. 证明:

$$\left(\frac{\sin A+\sin B}{\cos C}\right)^2+\left(\frac{\sin B+\sin C}{\cos A}\right)^2+\left(\frac{\sin C+\sin A}{\cos B}\right)^2\geqslant 36$$

33. 证明:在任何 $\triangle ABC$ 中,有

$$\sin\frac{A}{2}+2\sin\frac{B}{2}\sin\frac{C}{2}\leqslant 1$$

34. 设 a,b,c 是正实数,满足 $ab+bc+ca=1$,且

$$(a+\frac{1}{a})^2(b+\frac{1}{b})^2-(b+\frac{1}{b})^2(c+\frac{1}{c})^2+(c+\frac{1}{c})^2(a+\frac{1}{a})^2=0$$

证明:$a=1$.

35. 在 $\triangle ABC$ 中，$BC = a, AB = AC = b, a^3 - b^3 = 3ab^2$. 求 $\angle BAC$.

36. 在 $\triangle ABC$ 中，$\angle B = 50°$. 设 D 是线段 BC 上的点，且 $\angle BAD = 30°, AD = BC$. 求 $\angle CAD$.

37. 求一切这样的 $\triangle ABC$：$AB = 8$，且存在一个内点 P，使 $PB = 5, PC, AC, BC$ 成公差为 2 的等差数列以及 $\angle BPC = 2\angle BAC$.

38. 设 a, b, c 是不同的正实数. 证明：在数

$$\left(a + \frac{1}{a}\right)^2 (1 - b^4), \quad \left(b + \frac{1}{b}\right)^2 (1 - c^4), \quad \left(c + \frac{1}{c}\right)^2 (1 - a^4)$$

中至少有一个数不等于 4.

39. 设 a, b, c 是实数，满足 $\cos(a - b) + 2\cos(b - c) \geqslant 3\cos(c - a)$.

证明：$|3\cos a - 2\cos b + 6\cos c| \leqslant 7$.

40. 设 G 是 $\triangle ABC$ 的重心，M, N, P, Q 分别是 AB, BC, CA, AG 的中点. 证明：当且仅当

$$\sin(A - B)\sin C = \sin(C - A)\sin B$$

时，M, N, P, Q 共圆.

41. 求最小正整数 n，使

$$\frac{1}{\sin 45° \sin 46°} + \frac{1}{\sin 47° \sin 48°} + \cdots + \frac{1}{\sin 133° \sin 134°} = \frac{1}{\sin n°}$$

42. 设

$$T(n°) = \cos^2(30° - n°) - \cos(30° - n°)\cos(30° + n°) + \cos^2(30° + n°)$$

计算 $4\sum_{n=1}^{30} nT(n°)$.

43. 证明：当且仅当 $\angle A = 60°$ 时，$\triangle ABC$ 的内切圆的直径等于

$$\frac{1}{\sqrt{3}}(AB - BC + CA)$$

44. 在 $\triangle ABC$ 中，$2\angle A = 3\angle B$. 证明：

$$(a^2 - b^2)(a^2 + ac - b^2) = b^2 c^2$$

45. 已知

$$\frac{1}{\sin 9°} - \frac{1}{\cos 9°} = a\sqrt{b + \sqrt{b}}$$

其中 a 和 b 是正整数，b 不能被任何质数的平方整除. 求 (a, b).

46. 考虑 $\triangle ABC, AB = AC$，底边 BC 上存在一点 P，有 $PA = 10, PB = 58, PC = 68$.

证明：$S_{\triangle ABC} = 2\ 022\sin A$.

47. 设 a,b,c 是实数,都不等于 -1 和 1,且 $a+b+c=abc$.

证明:$\dfrac{a}{1-a^2}+\dfrac{b}{1-b^2}+\dfrac{c}{1-c^2}=\dfrac{4abc}{(1-a^2)(1-b^2)(1-c^2)}$.

48. 设 a 和 b 是区间 $\left[0,\dfrac{\pi}{2}\right]$ 内的实数.证明:当且仅当 $a=b$ 时

$$\sin^6 a+3\sin^2 a\cos^2 b+\cos^6 b=1$$

49. 设 $a\in\left(0,\dfrac{\pi}{2}\right)$,满足

$$\sqrt{2\,022}\sin a-\cos\left(a+\dfrac{\pi}{6}\right)=\sqrt{3}+\cos\left(a-\dfrac{\pi}{6}\right)$$

已知对正整数 $m,n\geqslant 2$,有

$$15\sin a+2\sqrt{\dfrac{\cos a}{3}}=\dfrac{\sqrt{m+2}+\sqrt{m-2}}{n}$$

求 $m+n$.

50. 设 $a\in\left(\dfrac{\pi}{4},\dfrac{\pi}{2}\right)$,满足 $\sin(\sqrt{2}\cos a)=\cos(\sqrt{2}\sin a)$.证明:

(a)$a>\dfrac{11\pi}{24}$.

(b) 对整数 m 和 n,有 $\tan a+\cot a=\dfrac{m}{\pi^2+n}$.

51. 证明:

$$(4\cos^2 9°-1)(4\cos^2 27°-1)(4\cos^2 81°-1)(4\cos^2 243°-1)$$

是整数.

52. 证明:$\cos 6°\cos 42°\cos 66°\cos 78°=\dfrac{1}{16}$.

53. 证明:$\sin 25°\sin 35°\sin 60°\sin 85°=\sin 20°\sin 40°\sin 75°\sin 80°$.

54. 设 n 是整数,且 $n\geqslant 2$.证明:

$$\prod_{k=1}^{n}\tan\left[\dfrac{\pi}{3}\left(1+\dfrac{3^k}{3^n-1}\right)\right]=\prod_{k=1}^{n}\cot\left[\dfrac{\pi}{3}\left(1-\dfrac{3^k}{3^n-1}\right)\right]$$

55.(a) 证明:

$$\sum_{k=1}^{n}(-1)^{k-1}\cos\dfrac{k\pi}{2n+1}=\dfrac{1}{2}$$

(b) 证明:对一切 $n\geqslant 1$,有

$$\prod_{k=1}^{n}\cos\dfrac{k\pi}{2n+1}=\dfrac{1}{2^n}$$

56. 在 $\triangle ABC$ 中，$R = 4r$. 证明：当且仅当 $\cos C = \dfrac{3}{4}$ 时，$\angle A - \angle B = 90°$.

57. 求方程组

$$\begin{cases} \sin x + \sin y = \sqrt{\dfrac{2x}{\pi}} + \sqrt{\dfrac{\pi}{8y}} \\[3mm] \cos x + \cos y = \sqrt{\dfrac{2y}{\pi}} + \sqrt{\dfrac{\pi}{8x}} \end{cases}$$

的正实数解.

58. 在 $\triangle ABC$ 中，证明：

$$\frac{\cos A}{\sin^2 A} + \frac{\cos B}{\sin^2 B} + \frac{\cos C}{\sin^2 C} \geqslant \frac{R}{r}$$

59. 证明：

（a）对于任意 $\triangle ABC$，有

$$\frac{m_a^2}{bc} + \frac{m_b^2}{ca} + \frac{m_c^2}{ab} \geqslant 2 + \frac{r}{2R}$$

（b）如果 $\triangle ABC$ 是锐角三角形，那么

$$\frac{m_a^2}{b^2 + c^2} + \frac{m_b^2}{c^2 + a^2} + \frac{m_c^2}{a^2 + b^2} \leqslant 1 + \frac{r}{4R}$$

第 3 章　　提高题

1. 设 $ABCD$ 是四边形,$AB=CD=4$,$AD^2+BC^2=32$ 和 $\angle ABD+\angle BDC=51°$.如果 $BD=\sqrt{6}+\sqrt{5}+\sqrt{2}+1$,求 AC.

2. 在 $\triangle ABC$ 中,$\angle A>\angle B$. 证明:当且仅当

$$\frac{AB}{BC-CA}=\sqrt{1+\frac{BC}{CA}}$$

时,$\angle A=3\angle B$.

3. 对于实数 x,求

$$|\sin x+\cos x+\tan x+\cot x+\sec x+\csc x|$$

的最小值.

4. 求

$$f(x)=\sqrt{\sin^4 x+\cos^2 x+1}+\sqrt{\cos^4 x+\sin^2 x+1}$$

的最大值和最小值.

5. 在边长为 a 的正 n 边形 Γ_a 的内部画一个边长为 b 的正 n 边形 Γ_b,使 Γ_a 的外心不在 Γ_b 的内部. 证明:$b<\dfrac{a}{2\cos^2\dfrac{\pi}{2n}}$.

6. 在 $\triangle ABC$ 中,BD 是 $\angle ABC$ 的平分线.$\triangle BCD$ 的外接圆交 AB 于 E,且 E 在 A,B 之间.$\triangle ABC$ 的外接圆交 CE 于 F. 证明:

$$\frac{BC}{BD}+\frac{BF}{BA}=\frac{CE}{CD}$$

7. 在任何 $\triangle ABC$ 中,证明以下不等式成立:

$$\sin^2 2A+\sin^2 2B+\sin^2 2C \geqslant 2\sqrt{3}\sin 2A\sin 2B\sin 2C$$

8. 设 $x_1,x_2,\cdots,x_n$ 是区间 $\left(0,\dfrac{\pi}{2}\right)$ 内的实数. 证明:

$$\frac{1}{n^2}\left(\frac{\tan x_1}{x_1}+\cdots+\frac{\tan x_n}{x_n}\right)^2 \leqslant \frac{\tan^2 x_1+\cdots+\tan^2 x_n}{x_1^2+\cdots+x_n^2}$$

9. 计算:$\displaystyle\sum_{k=1}^{n}\operatorname{arccot}\left(\frac{k^3+k}{2}+\frac{1}{k}\right)$.

10. 设 n 是正整数. 证明:

$$\prod_{k=1}^{n}\left(1+\tan^4\frac{k\pi}{2n+1}\right)$$

是正整数,且是两个完全平方数的和.

11. 证明在任何 $\triangle ABC$ 中,以下不等式成立:

$$\frac{a^2}{\sin\dfrac{A}{2}}+\frac{b^2}{\sin\dfrac{B}{2}}+\frac{c^2}{\sin\dfrac{C}{2}}\geqslant\frac{8}{3}s^2$$

12. 证明在任何 $\triangle ABC$ 中,以下不等式成立:

$$\left(\frac{a}{b+c}\right)^2+\left(\frac{b}{c+a}\right)^2+\left(\frac{c}{a+b}\right)^2+\frac{r}{2R}\geqslant 1$$

13. 证明在任何 $\triangle ABC$ 中,以下不等式成立:

$$\sin\frac{A}{2}+\sin\frac{B}{2}+\sin\frac{C}{2}\leqslant\sqrt{2+\frac{r}{2R}}$$

14. 设 a,b,c 是正实数,满足

$$a^2+b^2+c^2+abc=4$$

证明对一切实数 x,y,z,以下不等式成立:

$$ayz+bzx+cxy\leqslant x^2+y^2+z^2$$

15. 证明:

$$\prod_{k=1}^{n}\left(1-4\sin\frac{\pi}{5^k}\sin\frac{3\pi}{5^k}\right)=-\sec\frac{\pi}{5^n}$$

16. 设 $\triangle ABC$ 是锐角三角形. 证明:

$$\frac{h_b h_c}{a^2}+\frac{h_c h_a}{b^2}+\frac{h_a h_b}{c^2}\leqslant 1+\frac{r}{R}+\frac{1}{3}\left(1+\frac{r}{R}\right)^2$$

17. 求一切实数 x,使数列 $\{\cos 2^n x\}_{n\geqslant 1}$ 收敛.

18. 设 a 和 b 是实数. 求表达式

$$\frac{(1-a)(1-b)(1-ab)}{(1+a^2)(1+b^2)}$$

的极值.

19. 设 $\triangle$ 表示 $\triangle ABC$ 的面积. 证明:

$$a^2\tan\frac{A}{2}+b^2\tan\frac{B}{2}+c^2\tan\frac{C}{2}\geqslant 2\frac{R}{r}\triangle$$

20. 设 a,b,c 是三角形的边长,S 为三角形的面积,R 和 r 分别是三角形的外接圆的半径和内切圆的半径. 证明:

$$\cot^2 A + \cot^2 B + \cot^2 C \geqslant \frac{1}{5}\left(31 - 52\,\frac{r}{R}\right)$$

21. 在 $\triangle ABC$ 中,证明:

$$\frac{\cos A}{\sin^2 A} + \frac{\cos B}{\sin^2 B} + \frac{\cos C}{\sin^2 C} \geqslant \frac{7}{4}\left(\frac{R}{r} + \frac{r}{R}\right) - \frac{19}{8}$$

22. 设 a,b,c 是 $\triangle ABC$ 的边长. 证明:

$$(a^2 - bc)\cos\frac{B-C}{2} + (b^2 - ca)\cos\frac{C-A}{2} + (c^2 - ab)\cos\frac{A-B}{2} \geqslant 0$$

23. 在 $\triangle ABC$ 中,证明:

$$\frac{a^2}{1 + \cos^2 B + \cos^2 C} + \frac{b^2}{1 + \cos^2 C + \cos^2 A} + \frac{c^2}{1 + \cos^2 A + \cos^2 B}$$

$$\leqslant \frac{2}{3}(a^2 + b^2 + c^2)$$

24. 设 x,y,z 是正实数. 在 $\triangle ABC$ 中,证明:

$$4 + \frac{r}{R} + \frac{x}{y+z}(1 + \cos A) + \frac{y}{z+x}(1 + \cos B) + \frac{z}{x+y}(1 + \cos C)$$

$$\geqslant (\sin A + \sin B + \sin C)^2$$

25. 证明在任何 $\triangle ABC$ 中,以下不等式成立:

$$\frac{\sin A}{1 + \cos^2 B + \cos^2 C} + \frac{\sin B}{1 + \cos^2 C + \cos^2 A} + \frac{\sin C}{1 + \cos^2 A + \cos^2 B} \leqslant \sqrt{3}$$

26. 证明:$(\sin x + a\cos x)(\sin x + b\cos x) \leqslant 1 + \left(\frac{a+b}{2}\right)^2$.

27. 在 $\triangle ABC$ 中,$\angle BAC = 40°$,$\angle ABC = 60°$. 设 D 和 E 分别是位于边 AC 和 AB 上的点,且 $\angle CBD = 40°$ 和 $\angle BCE = 70°$,线段 BD 和 CE 相交于 F.

证明:$AF \perp BC$.

28. $\triangle ABC$ 有以下性质:存在一个内点 P,使 $\angle PAB = 10°$,$\angle PBA = 20°$,$\angle PCA = 30°$,$\angle PAC = 40°$.证明:$\triangle ABC$ 是等腰三角形.

29. 设 a 和 b 是正实数. 证明:

(a) 如果 $0 < a,b \leqslant 1$,那么

$$\frac{1}{\sqrt{1+a^2}} + \frac{1}{\sqrt{1+b^2}} \leqslant \frac{2}{\sqrt{1+ab}}$$

(b) 如果 $ab \geqslant 3$,那么

$$\frac{1}{\sqrt{1+a^2}} + \frac{1}{\sqrt{1+b^2}} \geqslant \frac{2}{\sqrt{1+ab}}$$

注　部分(a)出现在 2001 年俄罗斯数学奥林匹克竞赛试题中.

30. 设 a,b,c 是区间 $(0,\frac{\pi}{2})$ 内的实数. 证明：

$$\frac{\sin a\sin(a-b)\sin(a-c)}{\sin(b+c)}+\frac{\sin b\sin(b-c)\sin(b-a)}{\sin(c+a)}+$$

$$\frac{\sin c\sin(c-a)\sin(c-b)}{\sin(a+b)}\geqslant 0$$

31. 设 $\triangle ABC$ 是锐角三角形. 证明：

$$\left(\frac{\cos A}{\cos B}\right)^2+\left(\frac{\cos B}{\cos C}\right)^2+\left(\frac{\cos C}{\cos A}\right)^2+8\cos A\cos B\cos C\geqslant 4$$

32. 求一切正实数 x,y,z, 满足

$$(x+1)(y+1)\leqslant(z+1)^2$$

$$\left(\frac{1}{x}+1\right)\left(\frac{1}{y}+1\right)\leqslant\left(\frac{1}{z}+1\right)^2$$

33. 设 α,β,γ 是三角形的内角, 其对边分别是 a,b,c. 证明：

$$2(\cos^2\alpha+\cos^2\beta+\cos^2\gamma)\geqslant\frac{a^2}{b^2+c^2}+\frac{b^2}{a^2+c^2}+\frac{c^2}{a^2+b^2}$$

34. 设 $\triangle ABC$ 满足

$$(\cot\frac{A}{2})^2+(2\cot\frac{B}{2})^2+(3\cot\frac{C}{2})^2=(\frac{6s}{7r})^2$$

其中 s 和 r 分别表示半周长和内切圆的半径. 证明：$\triangle ABC$ 相似于边长是没有大于 1 的公约数的正整数的三角形 T, 并确定这些整数.

35. 设 $\triangle ABC$ 是 $\angle A$ 为直角的直角三角形. 设 A' 是斜边的中点. 设 M 是高 AD 的中点, $D\in BC$, $\{P\}=BM\bigcap AA'$. 如果 $\alpha=\angle PCB$, 证明：$\tan\alpha=\sin C\cos C$.

36. 考虑锐角 $\triangle ABC$. 设 O 是 $\triangle ABC$ 的外心, D 是过 A 的高的垂足. 如果 $OD\parallel AB$, 证明：$\sin 2B=\cot C$.

37. 是否存在定义在区间 $[-1,1]$ 上的函数 f, 对一切实数 x, 满足等式

$$2f(\cos x)=f(\sin x)+\sin x$$

38. 设 $A_1A_2\cdots A_n$ 是正 n 边形. 当 $n\geqslant 5$ 时, A_3 关于直线 A_1A_2 的轴对称的像是否在直线 A_4A_5 上?

39. 在给定的 $\triangle ABC$ 的边 AB 和 AC 上分别取点 P 和 Q. 用 R 表示直线 BQ 和 CP 的交点, 设 p,q,r 分别表示点 P,Q,R 到直线 BC 的距离. 证明：

$$\frac{1}{p}+\frac{1}{q}>\frac{1}{r}$$

40. 有一个递增的等差数列 a_1,a_2,a_3,a_4,a_5, 这里所有的项都属于区间 $[0,\frac{3\pi}{2}]$, 如果

数 $\cos a_1, \cos a_2, \cos a_3$ 以及数 $\sin a_3, \sin a_4, \sin a_5$ 也以某个顺序成等差数列,我们能取的差是什么值?

41. 当 $k > 10$ 时,证明:在乘积

$$f(x) = \cos x \cos 2x \cos 3x \cdots \cos 2^k x$$

中,有一个余弦可用正弦代替,得到新函数 $f_1(x)$,对一切实数 x 满足不等式 $|f_1(x)| \leqslant \dfrac{3}{2^{k+1}}$.

42. 在一个三角形中,设 m_a, m_b, m_c 是中线的长,w_a, w_b, w_c 是角平分线的长,r 和 R 分别是内切圆的半径和外接圆的半径. 证明:

$$\frac{m_a}{w_a} + \frac{m_b}{w_b} + \frac{m_c}{w_c} \leqslant \left(\sqrt{\frac{R}{r}} + \sqrt{\frac{r}{R}} \right)^2$$

43. 在任何 $\triangle ABC$ 中,证明:

$$\cos 3A + \cos 3B + \cos 3C + \cos(A-B) + \cos(B-C) + \cos(C-A) \geqslant 0$$

44. 计算

$$\frac{\cos \dfrac{\pi}{4}}{2} + \frac{\cos \dfrac{2\pi}{4}}{2^2} + \cdots + \frac{\cos \dfrac{n\pi}{4}}{2^n}$$

45. 证明在内接于半径为 R 的圆的任何三角形中,以下不等式成立:

$$\frac{a^2}{bc} + \frac{b^2}{ca} + \frac{c^2}{ab} \leqslant \left(\frac{R}{a} + \frac{R}{b} + \frac{R}{c} \right)^2$$

46. 证明在任何 $\triangle ABC$ 中,以下不等式成立:

$$\frac{r_a}{\sin \dfrac{A}{2}} + \frac{r_b}{\sin \dfrac{B}{2}} + \frac{r_c}{\sin \dfrac{C}{2}} \geqslant 2\sqrt{3}\, s$$

47. 对一切正整数 n,证明:$\sin \dfrac{\pi}{2n} \geqslant \dfrac{1}{n}$.

48. 设 r_a, r_b, r_c 是 $\triangle ABC$ 旁切圆的半径. 证明:

$$r_a \cos \frac{A}{2} + r_b \cos \frac{B}{2} + r_c \cos \frac{C}{2} \leqslant \frac{3}{2} s$$

49. 求方程组

$$\begin{cases} |x^2 - 2| = \sqrt{y+2} \\ |y^2 - 2| = \sqrt{z+2} \\ |z^2 - 2| = \sqrt{x+2} \end{cases}$$

的实数解.

50. 证明在任何正 31 边形 $A_0A_1\cdots A_{30}$ 中,以下不等式成立:

$$\frac{1}{A_0A_1} < \frac{1}{A_0A_2} + \frac{1}{A_0A_3} + \cdots + \frac{1}{A_0A_{15}}$$

51. 在任何 $\triangle ABC$ 中,证明:

$$4\cos\frac{A+\pi}{4}\cos\frac{B+\pi}{4}\cos\frac{C+\pi}{4} \geqslant \sqrt{\frac{r}{2R}}$$

52. 在任何锐角 $\triangle ABC$ 中,证明以下不等式:

$$\frac{1}{\left(\cos\frac{A}{2}+\cos\frac{B}{2}\right)^2} + \frac{1}{\left(\cos\frac{B}{2}+\cos\frac{C}{2}\right)^2} + \frac{1}{\left(\cos\frac{C}{2}+\cos\frac{A}{2}\right)^2} \geqslant 1$$

53. 在任何 $\triangle ABC$ 中,证明:

$$2\sqrt{3} \leqslant \mathrm{cosec}\,A + \mathrm{cosec}\,B + \mathrm{cosec}\,C \leqslant \frac{2\sqrt{3}}{9}\left(1+\frac{R}{r}\right)^2$$

54. 设 $\triangle ABC$ 是面积为 K 的三角形. 证明:

$$a(s-a)\cos\frac{B-C}{4} + b(s-b)\cos\frac{C-A}{4} + c(s-c)\cos\frac{A-B}{4} \geqslant 2\sqrt{3}K$$

55. 设 x,y,z 是非负实数,$x^2+y^2+z^2+xyz=4$,且没有两个等于 0. 证明:

$$\frac{1}{(x+y)^2} + \frac{1}{(y+z)^2} + \frac{1}{(z+x)^2} \geqslant \frac{1}{4} + \frac{4}{(x+y)(y+z)(z+x)}$$

56. 设 $\triangle ABC$ 是不等边三角形,我们在 $\triangle ABC$ 的外部作等腰 $\triangle XAB$,$\triangle YAC$ 和 $\triangle ZBC$,使

$$\angle AXB = \angle AYC = 90°$$

和

$$\angle ZBC = \angle ZCB = \angle BAC$$

已知 BY,CX 和 AZ 共点,求 $\angle BAC$.

57. 在任何 $\triangle ABC$ 中,证明:

$$\frac{9}{4}\sqrt{\frac{r}{2R}} \leqslant \sqrt{3}\cos\frac{A}{2}\cos\frac{B}{2}\cos\frac{C}{2} \leqslant 1+\frac{r}{4R}$$

58. 在任何 $\triangle ABC$ 中,证明:

$$\cos\frac{A}{2}\cos\frac{B}{2}\cos\frac{C}{2} \leqslant \frac{1}{\sqrt{3}}\left(1+\sin\frac{A}{2}\sin\frac{B}{2}\sin\frac{C}{2}\right)$$

59. 设 $\triangle ABC$ 是锐角三角形,外心为 O,外接圆的半径为 R. 设 R_a,R_b,R_c 分别是 $\triangle OBC$,$\triangle OCA$,$\triangle OAB$ 的外接圆的半径. 证明:当且仅当

$$R^3 + R^2(R_a+R_b+R_c) = 4R_aR_bR_c$$

时,$\triangle ABC$ 是等边三角形.

60. 设 a,b,c 是模相同的非零复数,且 $a^3+b^3+c^3=rabc$,这里 r 是实数.

(a) 证明: $-1 \leqslant r \leqslant 3$.

(b) 证明:如果 $r < 3$,那么方程

$$ax^2+bx+c=0, \quad bx^2+cx+a=0, \quad cx^2+ax+b=0$$

中有且只有一个有模为 1 的根.

第 3 部分
解　答

第4章 入门题的解答

1.对于区间$[0,\pi]$内的两个实数a,b,吉米使用了不正确的公式$\sin(a+b)=\sin a\sin b+\cos a\cos b$,幸运的是答案并没有错.已知$a-b=\dfrac{\pi}{3}$,求$a$.

解 因为吉米的不正确的公式必定与正确的公式$\sin(a+b)=\sin a\cos b+\cos a\sin b$一致,我们有
$$\sin a\sin b+\cos a\cos b=\sin a\cos b+\cos a\sin b$$
这等价于$(\sin a-\cos a)(\sin b-\cos b)=0$,因此$a=\dfrac{\pi}{4}$,或$b=\dfrac{\pi}{4}$,由已知条件$a-b=\dfrac{\pi}{3}$,得到$a=\dfrac{\pi}{3}+\dfrac{\pi}{4}=\dfrac{7\pi}{12}$.

2.如果$a\in\left[0,\dfrac{\pi}{2}\right]$,满足$\dfrac{\sin^3 a+\cos^3 a}{2-\sin 2a}+\dfrac{\sin^3 a-\cos^3 a}{2+\sin 2a}=\dfrac{\sqrt{5}-1}{4}$,求$\dfrac{\pi}{a}$.

解 我们有
$$\frac{(\sin a+\cos a)(\sin^2 a-\sin a\cos a+\cos^2 a)}{2(1-\sin a\cos a)}+$$
$$\frac{(\sin a-\cos a)(\sin^2 a+\sin a\cos a+\cos^2 a)}{2(1+\sin a\cos a)}=\frac{\sqrt{5}-1}{4}$$

这表明
$$\frac{\sin a+\cos a}{2}+\frac{\sin a-\cos a}{2}=\sin\frac{\pi}{10}$$

得到$\sin a=\sin\dfrac{\pi}{10}$.因此$a=\dfrac{\pi}{10}$,于是$\dfrac{\pi}{a}=10$.

3.设a是实数,满足$\sin^3 a+\sin a\cos a+\cos^3 a=\dfrac{1}{27}$.

求$\sin^4 a+\sin a\cos a+\cos^4 a$的值.

解 我们有
$$(\sin a)^3+(\cos a)^3+\left(-\frac{1}{3}\right)^3-3\sin a\cos a\left(-\frac{1}{3}\right)=0$$

由因式分解公式
$$x^3+y^3+z^3-3xyz=\frac{1}{2}(x+y+z)\left[(x-y)^2+(y-z)^2+(z-x)^2\right]$$

以及 x,y,z 互不相等这一事实，我们得到 $x+y+z=0$，因此

$$\sin a + \cos a - \frac{1}{3} = 0$$

这表明

$$2\sin a\cos a = (\sin a + \cos a)^2 - (\sin^2 a + \cos^2 a) = \frac{1}{9} - 1 = -\frac{8}{9}$$

于是

$$\sin^4 a + \sin a\cos a + \cos^4 a = (\sin^2 a + \cos^2 a)^2 - 2\sin^2 a\cos^2 a + \sin a\cos a$$

$$= 1 - 2(-\frac{4}{9})^2 - \frac{4}{9} = \frac{13}{81}$$

4. 对正整数 $n \geqslant 2$，设 $f_n:[0,\frac{\pi}{2}] \to \mathbf{R}$，

$$f_n(x) = \sqrt[n]{\sin^n x + \cos^n x}$$

已知对某个 $a \in [0,\frac{\pi}{2}]$，有 $f_4(a) = \frac{\sqrt{7}}{3}$，求 $f_3(a)$ 的值.

解 我们有 $\sqrt[4]{\sin^4 a + \cos^4 a} = \frac{\sqrt{7}}{3}$，这表明

$$(\sin^2 a + \cos^2 a)^2 - 2\sin^2 a\cos^2 a = \frac{49}{81}$$

推出

$$(\sin a\cos a)^2 = \frac{1}{2}(1 - \frac{49}{81}) = \frac{16}{81}$$

因为 $\sin a \geqslant 0$ 和 $\cos a \geqslant 0$，我们得到 $\sin a\cos a = \frac{4}{9}$，于是

$$(\sin a + \cos a)^2 = \sin^2 a + \cos^2 a + 2\sin a\cos a = 1 + \frac{8}{9}$$

这表明 $\sin a + \cos a = \frac{\sqrt{17}}{3}$. 因此

$$\sin^3 a + \cos^3 a = (\sin a + \cos a)(\sin^2 a - \sin a\cos a + \cos^2 a)$$

$$= \frac{\sqrt{17}}{3}(1 - \frac{4}{9})$$

所求的答案是 $f_3(a) = \frac{\sqrt[6]{425}}{3}$.

5. 设 $a,b \in (0,\pi)$，满足 $\sin a + \sin b + \cos a - \cos b = 2\sqrt{2}$.

求 $3a+b$.

解　利用恒等式

$$\cos x + \sin x = \sqrt{2}\cos(x - \frac{\pi}{4})$$

和

$$\cos x - \sin x = \sqrt{2}\cos(x + \frac{\pi}{4})$$

我们得到

$$\cos(a - \frac{\pi}{4}) - \cos(b + \frac{\pi}{4}) = 2$$

因为左边至多是 2,这就要求

$$\cos(a - \frac{\pi}{4}) = 1, \quad \cos(b + \frac{\pi}{4}) = -1$$

所以 $a = \frac{\pi}{4}$ 和 $b = \frac{3\pi}{4}$. 于是 $3a + b = \frac{3\pi}{4} + \frac{3\pi}{4} = \frac{3\pi}{2}$.

6. 解方程

$$(\sin x + \cos x)^5 + 4(\sin^5 x + \cos^5 x) = 5$$

解　因为

$$\frac{\sin^5 x + \cos^5 x}{\sin x + \cos x} = \sin^4 x - \sin^3 x \cos x + \sin^2 x \cos^2 x - \sin x \cos^3 x + \cos^4 x$$

我们有

$$(\sin x + \cos x)^4 + 4\frac{\sin^5 x + \cos^5 x}{\sin x + \cos x} = 5\sin^4 x + 10\sin^2 x \cos^2 x + 5\cos^4 x$$

$$= 5(\sin^2 x + \cos^2 x)^2 = 5$$

因此原方程就归结为

$$\sin x + \cos x = 1$$

将该方程的两边平方,并利用 $\sin^2 x + \cos^2 x = 1$,我们得到 $1 + 2\sin x \cos x = 1$,即 $\sin x \cos x = 0$. 所以解是 $x = 2k\pi$,其中 $k \in \mathbf{Z}$(当 $\sin x = 0$ 和 $\cos x = 1$ 时),以及 $x = \frac{\pi}{2} + 2k\pi$,其中 $k \in \mathbf{Z}$(当 $\sin x = 1$ 和 $\cos x = 0$ 时).

7. 解方程

$$2(\sin x + \cos x) + \sec x + \csc x = 4\sqrt{2}$$

解　原方程可写成

$$2(\sin x + \cos x) + \frac{\sin x + \cos x}{\sin x \cos x} = 4\sqrt{2}$$

等价于

$$(\sin x + \cos x)\left(2 + \frac{\sin^2 x + \cos^2 x}{\sin x \cos x}\right) = 4\sqrt{2}$$

我们得到

$$\frac{(\sin x + \cos x)^3}{\sin x \cos x} = 4\sqrt{2}$$

设 $\sin x + \cos x = y$. 注意 $y = \sqrt{2}\sin(x + \frac{\pi}{4})$ 在区间 $[-\sqrt{2}, \sqrt{2}]$ 内. 因为 $2\sin x \cos x = y^2 - 1$, 所以方程变为

$$y^3 = 2\sqrt{2}(y^2 - 1)$$

我们看出解 $y_1 = \sqrt{2}$. 分解因式后还有 $y^2 - \sqrt{2}y - 2 = 0$, 它在 $[-\sqrt{2}, \sqrt{2}]$ 内只有一个解, 即 $y_2 = \frac{\sqrt{2} - \sqrt{10}}{2}$.

因此 $\sin(x + \frac{\pi}{4}) = 1$ 或 $\sin(x + \frac{\pi}{4}) = \frac{1 - \sqrt{5}}{2}$, 得到

$$x + \frac{\pi}{4} = \frac{\pi}{2} + 2k\pi, k \in \mathbf{Z}$$

$$x + \frac{\pi}{4} = \arcsin\frac{1 - \sqrt{5}}{2} + 2k\pi, k \in \mathbf{Z}$$

或

$$x + \frac{\pi}{4} = \arcsin\frac{-1 + \sqrt{5}}{2} + (2k - 1)\pi, k \in \mathbf{Z}$$

于是 $x = \frac{\pi}{4} + 2k\pi$, 或

$$x = -\frac{\pi}{4} + \arcsin\frac{1 - \sqrt{5}}{2} + 2k\pi$$

或

$$x = -\frac{\pi}{4} + \arcsin\frac{-1 + \sqrt{5}}{2} + (2k - 1)\pi, k \in \mathbf{Z}$$

8. 解方程

$$(\sin x + \cos x)(\sec x + \csc x)(\tan x + \cot x) = 3$$

解 因为

$$\sec x + \csc x = \frac{\sin x + \cos x}{\sin x \cos x}$$

和

$$\tan x + \cot x = \frac{1}{\sin x \cos x}$$

原方程等价于

$$(\sin x + \cos x)^2 = 3(\sin x \cos x)^2$$

设 $\sin x \cos x = y$,那么 $1 + 2y = 3y^2$,其根为 $y_1 = 1$ 和 $y_2 = -\dfrac{1}{3}$. 因为

$$\sin x \cos x = \frac{\sin 2x}{2} \leqslant \frac{1}{2}$$

所以只有第二种选择能使原方程有解. 我们得到 $\sin 2x = -\dfrac{2}{3}$,因此对某个整数 k,有

$$x = \frac{1}{2}\arcsin\left(-\frac{2}{3}\right) + k\pi$$

或

$$x = \frac{(2k+1)\pi}{2} + \frac{1}{2}\arcsin\left(\frac{2}{3}\right)$$

9. 在 $\triangle ABC$ 中,$\angle B$ 和 $\angle C$ 是不等于 $45°$ 的锐角. 设 D 是过 A 的高的垂足. 证明:当且仅当

$$\frac{1}{AD - BD} + \frac{1}{AD - CD} = \frac{1}{AD}$$

时,$\angle A$ 是直角.

解　设 $AD = h$,$BD = x$,$CD = y$,那么上面的等式变为

$$\frac{1}{h-x} + \frac{1}{h-y} = \frac{1}{h}$$

可化简为 $h^2 = xy$.

如果 $\angle A$ 是直角,那么由直角三角形高线定理或几何平均定理,我们有 $h^2 = xy$.

假定 $h^2 = xy$,显然有

$$\cot B = \frac{x}{h}, \cot C = \frac{y}{h}$$

那么

$$\cot(B+C) = \frac{\cot B \cot C - 1}{\cot B + \cot C} = 0$$

这表明 $\angle B + \angle C = \dfrac{\pi}{2}$,于是 $\angle A = \dfrac{\pi}{2}$.

10. 在菱形 $ABCD$ 中,$AC - BD = (\sqrt{2}+1)(\sqrt{3}+1)$,$11\angle A = \angle B$. 求菱形 $ABCD$ 的面积.

解　设 E 是对角线 AC 和 BD 的交点. 因为 $\angle A + \angle B = 180°$,我们求出 $\angle A = 15°$,于是 $\angle EAB = \left(\dfrac{15}{2}\right)°$,所以 $AE = BE\cot\left(\dfrac{15}{2}\right)°$. 但是

$$\cot \frac{x}{2} = \frac{\cos \frac{x}{2}}{\sin \frac{x}{2}} = \frac{2\cos^2 \frac{x}{2}}{2\sin \frac{x}{2}\cos \frac{x}{2}} = \frac{1+\cos x}{\sin x}$$

所以

$$\cot \left(\frac{15}{2}\right)° = \frac{1+\cos 15°}{\sin 15°} = \frac{1+\frac{\sqrt{6}+\sqrt{2}}{4}}{\frac{\sqrt{6}-\sqrt{2}}{4}} = 2+\sqrt{2}+\sqrt{3}+\sqrt{6}$$

推出

$$\frac{1}{2}(\sqrt{2}+1)(\sqrt{3}+1) = AE - BE = (2+\sqrt{2}+\sqrt{3}+\sqrt{6})BE - BE$$

这表明

$$BE = \frac{1}{2}, \quad AE = \frac{1}{2}(2+\sqrt{2}+\sqrt{3}+\sqrt{6})$$

因此菱形 $ABCD$ 的面积是 $\frac{1}{2}(2+\sqrt{2}+\sqrt{3}+\sqrt{6})$.

11. 设 $ABCD$ 是圆内接筝形. 证明:当且仅当

$$\frac{AC}{BD} - \frac{BD}{AC} = \frac{1}{\sqrt{2}}$$

时,$3\angle A = \angle C$ 或 $\angle A = 3\angle C$.

解 设 $x = \frac{AC}{BD}$,则长度的条件等价于

$$0 = x^2 - \frac{x}{\sqrt{2}} - 1 = (x-\sqrt{2})(x+\frac{1}{\sqrt{2}})$$

所以长度的条件等价于 $AC = \sqrt{2}BD$. 现在,在 $AC \geqslant BD$ 的任何圆内接筝形中,$\angle A + \angle C = 180°$ 和 $\angle B = \angle D = 90°$.

于是在 $\triangle ABC$ 中,$\angle B$ 是直角,众所周知,过 B 的高的长等于

$$\frac{BD}{2} = AC\sin \frac{A}{2}\sin \frac{C}{2} = AC\sin \frac{A}{2}\cos \frac{A}{2} = \frac{AC\sin A}{2}$$

于是 $AC = \sqrt{2}BD$ 等价于 $\sin A = \frac{1}{\sqrt{2}}$,反过来也等价于 $\angle A = 45° = \frac{135°}{3} = \frac{\angle C}{3}$,或等价于 $\angle A = 3 \cdot 45° = 3\angle C$.

结论得证.

12. 在 $\triangle ABC$ 中,$R = 4r$. 证明:当且仅当

$$a - b = \sqrt{c^2 - \frac{ab}{2}}$$

时, $\angle A - \angle B = 90°$.

解　注意到条件 $a - b = \sqrt{c^2 - \frac{ab}{2}}$ 等价于

$$\frac{3ab}{2} = a^2 + b^2 - c^2 = 2ab\cos C, \quad \cos C = \frac{3}{4}, \quad \sin\frac{C}{2} = \frac{1}{2\sqrt{2}}$$

因为众所周知

$$r = 4R\sin\frac{A}{2}\sin\frac{B}{2}\sin\frac{C}{2}$$

条件 $R = 4r$ 也给出

$$\sin\frac{A}{2}\sin\frac{B}{2} = \frac{1}{4\sqrt{2}}$$

因此

$$\cos\frac{A - B}{2} = \cos\frac{A + B}{2} + 2\sin\frac{A}{2}\sin\frac{B}{2} = \sin\frac{C}{2} + 2\sin\frac{A}{2}\sin\frac{B}{2}$$

$$= \frac{1}{\sqrt{2}} = \cos 45°$$

这表明 $\angle A - \angle B = 90°$. 反之, 如果 $\angle A - \angle B = 90°$, 那么利用 $R = 4r$, 得到

$$1 = 16\sin\frac{A}{2}\sin\frac{B}{2}\sin\frac{C}{2}$$

我们求出

$$\frac{1}{\sqrt{2}} = \cos\frac{A - B}{2} = \sin\frac{C}{2} + 2\sin\frac{A}{2}\sin\frac{B}{2} = \sin\frac{C}{2} + \frac{1}{8\sin\frac{C}{2}}$$

关于 $\sin\frac{C}{2}$ 的二次方程有重根, 因此

$$\sin\frac{C}{2} = \frac{1}{2\sqrt{2}}$$

我们看到上面的式子等价于第二个等式.

结论成立.

13. 设 $ABCD$ 是筝形, $\angle A = 5\angle C$, $AB \cdot BC = BD^2$. 求 $\angle B$.

解　如果 $\angle C = x$, 那么 $\angle A = 5x$, 因为 $\triangle ABD$ 的三个内角的和是 $180°$, 所以 $5x < 180°$, $x < 36°$.

由等腰 $\triangle ABD$ 和 $\triangle BCD$, 我们分别有 $BD = 2AB\sin\frac{5x}{2}$ 和 $BD = 2BC\sin\frac{x}{2}$, 因此

$$BD^2 = 4 \cdot AB \cdot BC \cdot \sin\frac{5x}{2}\sin\frac{x}{2}$$

两边除以 $BD^2 = AB \cdot BC$ 给出

$$\sin\frac{5x}{2}\sin\frac{x}{2} = \frac{1}{4}$$

等价于

$$\cos 3x - \cos 2x = -\frac{1}{2}$$

然而这可写成 $\cos x$ 的三次方程的形式

$$8\cos^3 x - 4\cos^2 x - 6\cos x + 3 = 0$$

分解因式后立即得到解($\cos x = \frac{1}{2}, \frac{\sqrt{3}}{2}, -\frac{\sqrt{3}}{2}$). 由于 $x < 36°$, 允许的解只有 $\cos x = \frac{\sqrt{3}}{2}$, $x = 30°$. 于是 $\angle C = 30°$, $\angle A = 150°$.

因为筝形 $ABCD$ 的四个内角之和是 $360°$, 且 $\angle B = \angle D$, 所以推得 $\angle B = 90°$.

14. 在圆内接筝形 $ABCD$ 中, $\angle A > \angle C$, $2AB^2 + AC^2 + 2AD^2 = 4BD^2$.

证明: $\angle A = 4\angle C$.

解　显然 $AC = 2r$ 是筝形的外接圆的直径, 所以

$$\angle ABC = \angle CDA = 90°$$

设

$$\gamma = \angle DCA = \angle ACB$$

我们有

$$\angle BAC = \angle CAD = 90° - \gamma$$

设 P 是两条对角线的交点, 这给出

$$AB = AD = 2r\sin\gamma, \quad BD = 2PB = 2AB\cos\gamma = 4r\sin\gamma\cos\gamma$$

问题的条件可写成

$$0 = 1 - 12\sin^2\gamma + 16\sin^4\gamma$$

由 De Moivre 公式得

$$\cos 5\gamma = \cos\gamma(\cos^4\gamma - 10\cos^2\gamma\sin^2\gamma + 5\sin^4\gamma)$$
$$= \cos\gamma(1 - 12\sin^2\gamma + 16\sin^4\gamma)$$

于是 $\cos 5\gamma = 0$. 因为 $\angle A > \angle C$, 我们有 $0 < \gamma < \frac{\pi}{4}$, 因此 $\gamma = \frac{\pi}{10}$ 以及 $\angle C = 2\gamma = \frac{\pi}{5}$. 因为 $\angle A + \angle C = \pi$, 我们看出 $\angle A = \frac{4\pi}{5} = 4\angle C$.

15. 证明: 在任何 $\triangle ABC$ 中, 有

$$\sin \frac{A}{2} + \sin \frac{B}{2} + \sin \frac{C}{2} \leqslant \sqrt{6 + \frac{r}{2R}} - 1$$

解　两边平方后,我们看到原不等式等价于

$$6 + \frac{r}{2R} \geqslant 1 + \sum_{\text{cyc}} \sin^2 \frac{A}{2} + 2\sum_{\text{cyc}} \sin \frac{A}{2} + 2\sum_{\text{cyc}} \sin \frac{A}{2} \sin \frac{B}{2}$$

设 $x = s-a, y = s-b, z = s-c$,那么熟知有

$$\frac{r}{2R} = 1 - \sum_{\text{cyc}} \sin^2 \frac{A}{2}$$

$$\sin \frac{A}{2} = \sqrt{\frac{(s-b)(s-c)}{bc}} = \sqrt{\frac{yz}{(z+x)(x+y)}}$$

因此,只需证明

$$3 \geqslant \sum_{\text{cyc}} \frac{yz}{(z+x)(x+y)} + \sum_{\text{cyc}} \sqrt{\frac{yz}{(z+x)(x+y)}} + \sum_{\text{cyc}} \frac{z}{x+y} \sqrt{\frac{xy}{(y+z)(z+x)}}$$

将上式乘以 $(x+y)(y+z)(z+x)$,得到

$$3(x+y)(y+z)(z+x) \geqslant \sum_{\text{cyc}} yz(y+z) + (x+y+z) \sum_{\text{cyc}} \sqrt{xy(y+z)(z+x)}$$

现在有

$$3(x+y)(y+z)(z+x) - \sum_{\text{cyc}} yz(y+z) = 2(x+y+z)(xy+yz+zx)$$

以及

$$\sum_{\text{cyc}} \sqrt{xy(y+z)(z+x)} \leqslant \sqrt{3\sum_{\text{cyc}} xy(y+z)(z+x)} \leqslant 2(xy+yz+zx)$$

最后一个不等式是由

$$4(xy+yz+zx)^2 - 3\sum_{\text{cyc}} xy(y+z)(z+x)$$

$$= \frac{1}{2} \left[(xy-yz)^2 + (yz-zx)^2 + (zx-xy)^2 \right] \geqslant 0$$

推出的.证毕.

16.在 $\triangle ABC$ 中,边长 $BC = a, CA = b, AB = c$.如果

$$(a^2 + b^2 + c^2)^2 = 4a^2b^2 + b^2c^2 + 4c^2a^2$$

求 $\angle A$ 的一切可能的值.

解　将左边展开,并进行一些代数运算,我们有

$$a^4 - 2a^2b^2 + b^4 + b^2c^2 + c^4 - 2c^2a^2 = 0$$

两边都加上 b^2c^2,上面的关系式可写成

$$(b^2 + c^2 - a^2)^2 = b^2c^2$$

于是

$$\cos^2 A = \left(\frac{b^2 + c^2 - a^2}{2bc}\right)^2 = \frac{1}{4}$$

因此, $\cos A = \pm\frac{1}{2}$, $\angle A = 60°$ 或 $120°$.

17. 设 α, β, γ 是一个三角形的内角. 证明:

$$\frac{1}{5 - 4\cos\alpha} + \frac{1}{5 - 4\cos\beta} + \frac{1}{5 - 4\cos\gamma} \geqslant 1$$

解 设 $x = s - a, y = s - b, z = s - c$. 由余弦定理得

$$\frac{1}{5 - 4\cos\alpha} = \frac{bc}{5bc - 2(b^2 + c^2 - a^2)} = \frac{bc}{bc + 8(s-b)(s-c)}$$

$$= \frac{(z+x)(x+y)}{(z+x)(x+y) + 8yz}$$

由 AM $-$ GM 不等式(均值不等式)得

$$(x + y + z)(z + x)(x + y) - x[(z + x)(x + y) + 8yz]$$
$$= (x + y)(y + z)(z + x) - 8xyz \geqslant 0$$

所以

$$\frac{1}{5 - 4\cos\alpha} \geqslant \frac{x}{x + y + z}$$

将该不等式与另外两个类似的不等式相加, 得到所求的结果. 当且仅当 $x = y = z$ 或 $\alpha = \beta = \gamma$ 时, 等式成立.

18. 在 $\triangle ABC$ 中, $\frac{\pi}{7} < \angle A \leqslant \angle B \leqslant \angle C < \frac{5\pi}{7}$. 证明:

$$\sin\frac{7A}{4} - \sin\frac{7B}{4} + \sin\frac{7C}{4} > \cos\frac{7A}{4} - \cos\frac{7B}{4} + \cos\frac{7C}{4}$$

解 设 $\angle X = \frac{7\angle A}{4}, \angle Y = \frac{7\angle B}{4}, \angle Z = \frac{7\angle C}{4}$, 我们有

$$\frac{\pi}{4} < \angle X \leqslant \angle Y \leqslant \angle Z < \frac{5\pi}{4}$$

将原不等式改写为

$$(\sin X - \cos X) - (\sin Y - \cos Y) + (\sin Z - \cos Z) > 0$$

$$\frac{\sqrt{2}}{2}(\sin X - \cos X) - \frac{\sqrt{2}}{2}(\sin Y - \cos Y) + \frac{\sqrt{2}}{2}(\sin Z - \cos Z) > 0$$

$$\sin(X - \frac{\pi}{4}) - \sin(Y - \frac{\pi}{4}) + \sin(Z - \frac{\pi}{4}) > 0$$

设 $\angle U = \angle X - \frac{\pi}{4}, \angle V = \angle Y - \frac{\pi}{4}, \angle W = \angle Z - \frac{\pi}{4}$. 我们有 $\angle U + \angle V + \angle W = \pi$, 且

$0 < \angle U \leqslant \angle V \leqslant \angle W < \pi$. 所以存在内角为 $\angle U, \angle V, \angle W$ 的三角形. 设该三角形的外接圆的半径为 R, 设 $\angle U, \angle V, \angle W$ 的对边分别为 u, v, w. 只需证明

$$\sin U - \sin V + \sin W > 0$$

事实上

$$\sin U - \sin V + \sin W > 0$$
$$\Leftrightarrow 2R(\sin U - \sin V + \sin W) > 0 \Leftrightarrow u - v + w > 0$$

这就是三角形不等式.

19. 在 $\triangle ABC$ 中, $\angle A < \angle B < \angle C$. 证明:

$$\cos \frac{A}{2} \csc \frac{B-C}{2} + \cos \frac{B}{2} \csc \frac{C-A}{2} + \cos \frac{C}{2} \csc \frac{A-B}{2} < 0$$

解　注意到

$$\cos \frac{A}{2} \csc \frac{B-C}{2} = \frac{2 \sin \frac{A}{2} \cos \frac{A}{2}}{2 \sin \frac{A}{2} \sin \frac{B-C}{2}} = \frac{\sin A}{2 \cos \frac{B+C}{2} \sin \frac{B-C}{2}}$$

$$= \frac{\sin A}{\sin B - \sin C} = \frac{a}{b-c}$$

于是, 原不等式等价于 $\sum\limits_{\text{cyc}} \dfrac{a}{b-c} < 0$. 因为 $\angle A < \angle B < \angle C$, 我们知道有 $a < b < c$, 所以

$$\frac{a}{b-c} + \frac{b}{c-a} + \frac{c}{a-b} = \frac{b}{c-a} - \frac{c}{b-a} - \frac{a}{c-b}$$

$$= \left(\frac{b}{c-a} - \frac{a}{c-b} \right) - \frac{c}{b-a}$$

$$= -\frac{(b-a)(a+b-c)}{(c-b)(c-a)} - \frac{c}{b-a} < 0$$

20. 在 $\triangle ABC$ 中, 设 A, B, C 是用弧度制表示的角的大小. 证明: 如果 A, B, C 和 $\cos A$, $\cos B, \cos C$ 都是等比数列, 那么该三角形是等边三角形.

解　不失一般性, 设 $A \leqslant B \leqslant C$, 那么 $\cos A \geqslant \cos B \geqslant \cos C$. 因为 A, B, C 和 $\cos A$, $\cos B, \cos C$ 都是等比数列, 所以 $B^2 = AC$, $\cos^2 B = \cos A \cos C$. 因为 A 和 B 都是锐角, 所以由后一个等式可知 C 必是锐角. 由 AM $-$ GM 不等式, 以及当 $x \in \left(0, \frac{\pi}{2} \right)$ 时, $\cos x$ 是凹函数并递减这一事实, 得

$$\cos A \cos C \leqslant \left(\frac{\cos A + \cos C}{2} \right)^2 \leqslant \cos^2 \frac{A+C}{2} \leqslant \cos^2 \sqrt{AC} = \cos^2 B$$

当且仅当 $A = C$ 时, 等式成立. 因此 $B = A = C$.

21. 考虑一个两腰之和等于较大的底的等腰梯形. 证明: 两对角线之间所夹的锐角至

多是 60°.

解 设 $ABCD$ 是等腰梯形, BC 和 AD 是底, $AD=AB+CD=2AB$. 在 $\triangle ABD$ 中

$$\sin \angle ADB=\frac{AH}{AD}\leqslant\frac{AB}{AD}=\frac{1}{2}$$

这里 AH 是过 A 的高, 于是 $\angle ADB\leqslant30°$. 同理, $\angle CAD\leqslant30°$. 在 $\triangle AOD$ 中, 这里 O 是对角线的交点, 我们有 $\angle AOD\geqslant120°$, 这表明两对角线之间所夹的锐角至多是 $60°$.

22. 求方程

$$\tan \pi x=\lfloor\log \pi^{x}\rfloor-\lfloor\log\lfloor\pi^{x}\rfloor\rfloor$$

的实数解, 其中 $\lfloor a\rfloor$ 表示实数 a 的整数部分, $\log$ 表示以 10 为底的对数.

解 等式的右边当 $\pi^{x}\geqslant1$ 时有意义. 设 $10^{n}\leqslant\pi^{x}<10^{n+1}$, 这里 n 是非负整数. 于是, $\lfloor\log \pi^{x}\rfloor=n$. 但是因为还有 $10^{n}\leqslant\lfloor\pi^{x}\rfloor<10^{n+1}$, 故得到 $\lfloor\log\lfloor\pi^{x}\rfloor\rfloor=n$. 于是当 $\pi^{x}\geqslant1$ 时, 等式的右边恒等于零. 这表明一切非负整数是原方程的解.

23. 设三角形的内角 α,β,γ 满足不等式

$$\sin \alpha>\cos \beta, \sin \beta>\cos \gamma, \sin \gamma>\cos \alpha$$

证明: 该三角形是锐角三角形.

解 假定该三角形不是锐角三角形, 不失一般性, 设 $\gamma\geqslant90°$, 那么 $\alpha+\beta\leqslant90°$, α 和 β 都是锐角, 于是

$$0<\beta\leqslant90°-\alpha<90°$$

由此得 $\cos \beta\geqslant\cos(90°-\alpha)=\sin \alpha$, 这与第一个不等式矛盾.

24. 是否存在定义在实数集上的函数 $f(x)$, 对于一切实数 x 和 y, 满足

$$|f(x+y)+\sin x+\sin y|<2$$

解 答案是否定的. 假定存在这样的函数 $f(x)$. 如果 $x=y=\frac{\pi}{2}$, 那么 $|f(\pi)+2|<2$, 即 $f(\pi)<0$. 但是, 如果 $x=\frac{3\pi}{2}$, $y=-\frac{\pi}{2}$, 那么 $|f(\pi)-2|<2$, 即 $f(\pi)>0$, 矛盾.

25. 在 $\triangle ABC$ 中, 垂心是 H, 外心是 O. 记 $\angle AOH=\alpha, \angle BOH=\beta, \angle COH=\gamma$. 证明: $(\sin^{2}\alpha+\sin^{2}\beta+\sin^{2}\gamma)^{2}=2(\sin^{4}\alpha+\sin^{4}\beta+\sin^{4}\gamma)$.

解 注意到原等式可改写为

$$2(\sin^{2}\alpha\sin^{2}\beta+\sin^{2}\beta\sin^{2}\gamma+\sin^{2}\gamma\sin^{2}\alpha)-(\sin^{4}\alpha+\sin^{4}\beta+\sin^{4}\gamma)=0$$

由 Heron 公式可知 $\sin \alpha,\sin \beta,\sin \gamma$ 是面积为零的三角形的边长, 或等价于两边之和等于第三边. 现在对 $\triangle AOH$ 应用正弦定理, 我们有

$$\frac{\sin \alpha}{AH}=\frac{\sin \angle OAH}{OH}$$

这里 $\angle BAH = \angle CAO = 90° - \angle B$，我们有

$$\angle OAH = | \angle A - 180° + 2\angle B | = | \angle B - \angle C |$$

类似地，有 $\angle OBH = | \angle C - \angle A |$ 和 $\angle OCH = | \angle A - \angle B |$. 此外，我们熟知 $AH = 2R | \cos A |$，对 BH 和 CH 有类似的等式. 如果 $\triangle ABC$ 不是钝角三角形，不失一般性，由问题中的对称性，设 $90° \geqslant \angle A \geqslant \angle B \geqslant \angle C$，那么

$$\frac{OH}{2R}(\sin \alpha + \sin \gamma) = \cos A \sin(B - C) + \cos C \sin(A - B)$$

$$= \cos C \sin A \cos B - \cos A \cos B \sin C$$

$$= \cos B \sin(A - C) = \frac{OH}{2R} \sin \beta$$

所以 $\sin \beta = \sin \alpha + \sin \gamma$. 现在假定 $\triangle ABC$ 是钝角三角形，设 $\angle B$ 为钝角，不失一般性，设 $\angle B > \angle A \geqslant \angle C$，注意到在前面的计算中，$\sin(A - B)$ 变号，$\cos B$ 也变号，其他各项都不变. 于是得到命题 $\sin \gamma = \sin \alpha + \sin \beta$，推出结论.

26. 解方程组

$$\begin{cases} x(x^4 - 5x^2 + 5) = y \\ y(y^4 - 5y^2 + 5) = z \\ z(z^4 - 5z^2 + 5) = x \end{cases}$$

解　首先我们寻找在区间 $[-2, 2]$ 内的实数解. 设 $x = 2\cos t, t \in [0, \pi]$，那么

$$y = 2(16\cos^5 t - 20\cos^3 t + 5\cos t) = 2\cos 5t$$

$$z = 2\cos 5(5t) = 2\cos 25t$$

所以

$$x = 2\cos 5(25t) = 2\cos 125t$$

注意到如果我们用倍角公式或者等价地用 $\cos 5t$ 迭代上面的公式三次，我们将把 $\cos 125t$ 写成 $\cos t$ 的 125 次的多项式，因此也是 x 的 125 次的多项式. 于是我们希望去求 125 组解.

由上面的公式可得 $\cos 125t = \cos t$，这表明

$$125t - t = 2k\pi, k = 0, 1, \cdots, 124$$

或

$$125t + t = 2k'\pi, k' = 1, 2, \cdots, 126$$

我们得到 $63 + 62$ 个不同的解

$$2\cos k(\frac{\pi}{62}), k = 0, 1, \cdots, 62, \quad 2\cos k'(\frac{\pi}{63}), k' = 1, \cdots, 62$$

这里我们排除了第二个公式中的 $k = 0$ 和 $k = 63$，因为 $2\cos 0$ 和 $2\cos \pi$ 已经包括在第一个

公式中.

我们不需要寻找更多的解了,因为我们已经找到了所有 125 组解,即

$$\left(2\cos k\left(\frac{\pi}{62}\right),2\cos 5k\left(\frac{\pi}{62}\right),2\cos 25k\left(\frac{\pi}{62}\right)\right),k=0,1,\cdots,62$$

和

$$\left(2\cos k\left(\frac{\pi}{63}\right),2\cos 5k\left(\frac{\pi}{63}\right),2\cos 25k\left(\frac{\pi}{63}\right)\right),k=1,\cdots,62$$

各不相同,并且我们看到原方程组至多有 $5\times5\times5=125$ 组解.

27. 解方程

$$\sqrt[3]{2\sin^2 x}+\sqrt[3]{2\cos^2 x}=\sqrt[3]{\tan^2 x}+\sqrt[3]{\cot^2 x}$$

解 设 $c>0$ 是原方程左右两边的公共值.利用恒等式

$$(a+b)^3=a^3+b^3+3ab(a+b)$$

我们得到

$$2\sin^2 x+2\cos^2 x+3c\sqrt[3]{\sin^2 2x}=\tan^2 x+\cot^2 x+3c$$

这表明

$$(\tan x-\cot x)^2+3c(1-\sqrt[3]{\sin^2 2x})=0$$

推出 $\tan x=\cot x$ 和 $\sin^2 2x=1$.

因此解是 $x=\pm\dfrac{\pi}{4}+k\pi,k\in\mathbf{Z}$.

28. 求表达式 $\dfrac{a-b}{c}$ 的取值范围,其中 a,b,c 是三角形的边长,$\angle A=90°,c\leqslant b$.

解 因为 $0°<\angle C\leqslant 45°$,所以

$$\frac{a-b}{c}=\frac{\sin A-\sin B}{\sin C}=\frac{1-\cos C}{\sin C}=\tan\frac{C}{2}$$

其取值范围为 $(0,\sqrt{2}-1]$.

29. 设 $\triangle ABC$ 是锐角三角形.证明:

$$\left(\frac{a+b}{\cos C}\right)^2+\left(\frac{b+c}{\cos A}\right)^2+\left(\frac{c+a}{\cos B}\right)^2\geqslant\frac{16(a+b+c)^2}{3}$$

解 由 Cauchy-Schwarz 不等式,我们有

$$\left(\frac{b+c}{\cos A}\right)^2+\left(\frac{c+a}{\cos B}\right)^2+\left(\frac{a+b}{\cos C}\right)^2$$

$$\geqslant\frac{1}{3}\left(\frac{b+c}{\cos A}+\frac{c+a}{\cos B}+\frac{a+b}{\cos C}\right)^2$$

$$=\frac{1}{3}\left[\frac{(b+c)^2}{(b+c)\cos A}+\frac{(c+a)^2}{(c+a)\cos B}+\frac{(a+b)^2}{(a+b)\cos C}\right]^2$$

$$\geqslant \frac{1}{3}\left[\frac{(b+c+c+a+a+b)^2}{(b+c)\cos A+(c+a)\cos B+(a+b)\cos C}\right]^2$$

$$=\frac{1}{3}\left[\frac{4(a+b+c)^2}{(b\cos C+c\cos B)+(c\cos A+a\cos C)+(a\cos B+b\cos A)}\right]^2$$

$$=\frac{1}{3}\left[\frac{4(a+b+c)^2}{a+b+c}\right]^2=\frac{16(a+b+c)^2}{3}$$

这就是要证明的. 注意到我们已经应用了等式 $b\cos C+c\cos B=a$(以及另两个类似的循环式), 它由过顶点 A 的高的垂足将 BC 分割成两部分得到.

30. 设 $ABCD$ 是单位正方形. 点 M 和 N 分别在 BC 和 CD 上, 且 $\angle MAN=45°$. 证明:

$$1\leqslant MC+NC\leqslant 4-2\sqrt{2}$$

解　设 $x=\angle BAM, y=\angle DAN$. 我们有 $x+y=45°$ 和

$$MC+NC=2-BM-DN=2-\tan x-\tan y$$

因为 $\tan x+\tan y=(1-\tan x\tan y)\tan 45°\leqslant 1$, 所以

$$MC+NC\geqslant 1$$

因为

$$2\cos x\cos y=\cos(x-y)+\cos(x+y)$$

$$\leqslant 1+\cos(x+y)$$

$$=2\cos^2\frac{x+y}{2}$$

我们有

$$\tan x+\tan y=\frac{\sin(x+y)}{\cos x\cos y}\geqslant \frac{\sin(x+y)}{\cos^2\dfrac{x+y}{2}}$$

$$=2\tan\frac{x+y}{2}$$

$$=2\tan\left(\frac{45}{2}\right)°=2\sqrt{2}-2$$

于是 $MC+NC\leqslant 4-2\sqrt{2}$.

注　在观察到 $MC+NC\geqslant 1$ 后, 我们可以通过观察 Jensen 不等式得出

$$\tan x+\tan y\geqslant 2\tan\left(\frac{45}{2}\right)°=2\sqrt{2}-2$$

因此

$$MC+NC\leqslant 4-2\sqrt{2}$$

31. 求方程组

$$x - \frac{1}{x} + \frac{2}{y} = y - \frac{1}{y} + \frac{2}{z} = z - \frac{1}{z} + \frac{2}{x} = 0$$

的非零实数解.

解 对 x, y, z, 解方程组

$$x - \frac{1}{x} + \frac{2}{y} = 0, \quad y - \frac{1}{y} + \frac{2}{z} = 0, \quad z - \frac{1}{z} + \frac{2}{x} = 0$$

分别得到

$$y = \frac{2x}{1 - x^2}, \quad z = \frac{2y}{1 - y^2}, \quad x = \frac{2z}{1 - z^2}$$

现在对 $\theta \in (0, \pi)$, 设 $x = \tan\theta$, 那么

$$y = \frac{2\tan\theta}{1 - \tan^2\theta} = \tan 2\theta, \quad z = \frac{2\tan 2\theta}{1 - \tan^2 2\theta} = \tan 4\theta$$

和

$$x = \frac{2\tan 4\theta}{1 - \tan^2 4\theta} = \tan 8\theta$$

于是

$$\tan\theta = \tan 8\theta$$

因此对某个整数 k, 有 $8\theta = \theta + k\pi$. 因为 $0 < \theta < \pi$, 我们得到 $\theta = \frac{k\pi}{7}, k = 1, 2, 3, 4, 5$ 或 6.

这样就得到原方程组的六组解

$$\begin{aligned}
(x, y, z) &= \left(\tan\frac{\pi}{7}, \tan\frac{2\pi}{7}, \tan\frac{4\pi}{7} \right) \\
&= \left(\tan\frac{2\pi}{7}, \tan\frac{4\pi}{7}, \tan\frac{\pi}{7} \right) \\
&= \left(\tan\frac{3\pi}{7}, \tan\frac{6\pi}{7}, \tan\frac{5\pi}{7} \right) \\
&= \left(\tan\frac{4\pi}{7}, \tan\frac{\pi}{7}, \tan\frac{2\pi}{7} \right) \\
&= \left(\tan\frac{5\pi}{7}, \tan\frac{3\pi}{7}, \tan\frac{6\pi}{7} \right) \\
&= \left(\tan\frac{6\pi}{7}, \tan\frac{5\pi}{7}, \tan\frac{3\pi}{7} \right)
\end{aligned}$$

32. 设 $\triangle ABC$ 是锐角三角形. 证明:

$$\left(\frac{\sin A + \sin B}{\cos C} \right)^2 + \left(\frac{\sin B + \sin C}{\cos A} \right)^2 + \left(\frac{\sin C + \sin A}{\cos B} \right)^2 \geqslant 36$$

解法 1 利用变换 $\angle A \to \frac{\pi - \angle A}{2}, \angle B \to \frac{\pi - \angle B}{2}, \angle C \to \frac{\pi - \angle C}{2}$, 我们需要证明,

在任何 $\triangle ABC$ 中,有

$$\sum_{\text{cyc}} \left[\frac{\cos\dfrac{A}{2} + \cos\dfrac{B}{2}}{\sin\dfrac{C}{2}} \right]^2 \geqslant 36$$

设 a,b,c 是边长,s 是半周长,上式变为

$$\sum_{\text{cyc}} \frac{sab}{(s-a)(s-b)}\left[\frac{s-a}{bc} + \frac{s-b}{ac} + \frac{2\sqrt{(s-a)(s-b)}}{c\sqrt{ab}}\right] \geqslant 36$$

或

$$\sum_{\text{cyc}} \frac{sab}{(s-a)(s-b)}\left[a(s-a) + b(s-b) + 2\sqrt{ab(s-a)(s-b)}\right] \geqslant 36abc$$

现在利用 Ravi 变换,即

$$a = y+z, \quad b = z+x, \quad c = x+y, \quad x,y,z \geqslant 0$$

这就变为

$$\sum_{\text{cyc}} \frac{(x+y+z)(y+z)(z+x)}{xy}\left(xy + zx + xy + yz + 2\sqrt{xy(y+z)(z+x)}\,\right)$$
$$\geqslant 36(x+y)(y+z)(z+x)$$

或

$$\frac{(x+y)(y+z)(z+x)(x^2+y^2+z^2)(x+y+z)}{xyz} +$$

$$2(x+y+z)\sum_{\text{cyc}}(y+z)(z+x) +$$

$$2(x+y+z)\sum_{\text{cyc}}\sqrt{\frac{(y+z)^3(z+x)^3}{xy}}$$

$$\geqslant 36(x+y)(y+z)(z+x)$$

但这是正确的,因为

$$\frac{(x+y)(y+z)(z+x)(x^2+y^2+z^2)(x+y+z)}{xyz} \geqslant 9(x+y)(y+z)(z+x)$$

$$2(x+y+z)\sum_{\text{cyc}}(y+z)(z+x) = 2(x+y)(y+z)(z+x)(x+y+z)\sum_{\text{cyc}}\frac{1}{x+y}$$

$$\geqslant 2(x+y)(y+z)(z+x)(x+y+z) \cdot \frac{9}{2(x+y+z)}$$

$$= 9(x+y)(y+z)(z+x)$$

由 AM-GM 不等式,我们有

$$2(x+y+z)\sum_{\text{cyc}}\sqrt{\frac{(y+z)^3(z+x)^3}{xy}} \geqslant \frac{6(x+y)(y+z)(z+x)(x+y+z)}{\sqrt[3]{xyz}}$$

$$\geqslant 18(x+y)(y+z)(z+x)$$

解法 2 设 R 和 Δ 分别是 $\triangle ABC$ 的外接圆半径和面积,那么

$$\left(\frac{abc}{R}\right)^2 = 16\Delta^2 = 2(a^2b^2 + b^2c^2 + c^2a^2) - a^4 - b^4 - c^4$$

$$= \sum_{\text{cyc}} c^2(a^2 + b^2 - c^2)$$

于是,由 Cauchy-Schwarz 不等式得

$$\sum_{\text{cyc}} \left(\frac{\sin A + \sin B}{\cos C}\right)^2 = \sum_{\text{cyc}} \frac{a^2b^2(a+b)^2}{R^2(a^2+b^2-c^2)^2}$$

$$= 16\Delta^2 \sum_{\text{cyc}} \frac{(a+b)^2}{c^2(a^2+b^2-c^2)^2}$$

$$\geqslant \left(\sum_{\text{cyc}} \frac{a+b}{\sqrt{a^2+b^2-c^2}}\right)^2$$

对凸函数 $\dfrac{1}{\sqrt{x}}$ 应用 Jensen 不等式,我们得到

$$\frac{a}{\sqrt{a^2+b^2-c^2}} + \frac{a}{\sqrt{c^2+a^2-b^2}} \geqslant \frac{2a\sqrt{2}}{\sqrt{a^2+b^2-c^2+c^2+a^2-b^2}} = 2$$

将以上不等式与另两个类似的不等式相加就完成了证明.

33. 证明:在任何 $\triangle ABC$ 中,有

$$\sin\frac{A}{2} + 2\sin\frac{B}{2}\sin\frac{C}{2} \leqslant 1$$

解法 1 我们有

$$\sin^2\frac{A}{2} + \sin^2\frac{B}{2} + \sin^2\frac{C}{2} + 2\sin\frac{A}{2}\sin\frac{B}{2}\sin\frac{C}{2} = 1$$

另外,AM−GM 不等式给出

$$\sin^2\frac{B}{2} + \sin^2\frac{C}{2} \geqslant 2\sin\frac{B}{2}\sin\frac{C}{2}$$

将这两个关系式相结合,我们得到

$$\sin^2\frac{A}{2} + 2\sin\frac{B}{2}\sin\frac{C}{2} + 2\sin\frac{A}{2}\sin\frac{B}{2}\sin\frac{C}{2} \leqslant 1$$

这等价于

$$2\sin\frac{B}{2}\sin\frac{C}{2}(1+\sin\frac{A}{2}) \leqslant 1 - \sin^2\frac{A}{2}$$

或

$$2\sin\frac{B}{2}\sin\frac{C}{2} \leqslant 1 - \sin\frac{A}{2}$$

结论得证.

解法 2　利用

$$2\sin x\sin y=\cos(x-y)-\cos(x+y)$$

我们得到

$$2\sin\frac{B}{2}\sin\frac{C}{2}=\cos\frac{B-C}{2}-\cos\frac{B+C}{2}$$

$$=\cos\frac{B-C}{2}-\cos\frac{\pi-A}{2}$$

$$=\cos\frac{B-C}{2}-\sin\frac{A}{2}$$

因此,我们得到

$$\sin\frac{A}{2}+2\sin\frac{B}{2}\sin\frac{C}{2}=\sin\frac{A}{2}+\cos\frac{B-C}{2}-\sin\frac{A}{2}$$

$$=\cos\frac{B-C}{2}\leqslant1$$

34. 设 a,b,c 是正实数,满足 $ab+bc+ca=1$,且

$$(a+\frac{1}{a})^2(b+\frac{1}{b})^2-(b+\frac{1}{b})^2(c+\frac{1}{c})^2+(c+\frac{1}{c})^2(a+\frac{1}{a})^2=0$$

证明:$a=1$.

解　条件 $ab+bc+ca=1$ 和 $a,b,c>0$ 使我们可以作代换

$$a=\tan\frac{X}{2},\quad b=\tan\frac{Y}{2},\quad c=\tan\frac{Z}{2}$$

这里 $\angle X,\angle Y,\angle Z$ 是 $\triangle XYZ$ 的内角. 于是原不等式变为

$$\left(\frac{2}{\sin X}\right)^2\left(\frac{2}{\sin Y}\right)^2-\left(\frac{2}{\sin Y}\right)^2\left(\frac{2}{\sin Z}\right)^2+\left(\frac{2}{\sin Z}\right)^2\left(\frac{2}{\sin X}\right)^2=0$$

这表明

$$\sin^2 Z-\sin^2 X+\sin^2 Y=0$$

用 x,y,z 分别表示顶点 X,Y,Z 的对边,推出 $z^2+y^2=x^2$.

于是 $\angle X=90°,a=\tan\dfrac{90°}{2}=1$,这就是要求的.

35. 在 $\triangle ABC$ 中,$BC=a$,$AB=AC=b$,$a^3-b^3=3ab^2$. 求 $\angle BAC$.

解　由等腰 $\triangle ABC$,我们有

$$\frac{a}{b}=2\sin\frac{A}{2}$$

因此原等式可写成

$$8\sin^3 \frac{A}{2} - 6\sin \frac{A}{2} - 1 = 0 \qquad (4.1)$$

现在我们利用恒等式 $\sin 3x = 3\sin x - 4\sin^3 x$,取 $x = \frac{\angle A}{2}$,得到

$$\sin \frac{3A}{2} = 3\sin \frac{A}{2} - 4\sin^3 \frac{A}{2}$$

将此代入式(4.1),得到

$$2\sin \frac{3A}{2} + 1 = 0$$

即

$$A = 120°k + (-1)^k \cdot 140°, k \in \mathbf{Z}$$

它的唯一解是 $\angle BAC = 140°$.

36. 在 $\triangle ABC$ 中,$\angle B = 50°$.设 D 是线段 BC 上的点,且 $\angle BAD = 30°$,$AD = BC$. 求 $\angle CAD$.

解法 1 对 $\triangle BAD$ 应用正弦定理,得到

$$2BD = \frac{BD}{\sin 30°} = \frac{AD}{\sin 50°} = \frac{BC}{\sin 50°}$$

于是

$$AD = 2\sin 50° BD, \quad DC = (2\sin 50° - 1)BD$$

现在用 x 表示 $\angle CAD$ 的度数.

对 $\triangle CAD$ 应用正弦定理,得到

$$\frac{2\sin 50° BD}{\sin(100° - x)} = \frac{(2\sin 50° - 1)BD}{\sin x}$$

所以

$$\frac{2\sin 50°}{2\sin 50° - 1} = \frac{\sin(100° - x)}{\sin x} = \sin 100° \cot x - \cos 100°$$

$$= \cos 10° \cot x + \sin 10°$$

下面我们将等式左边的分式的分子和分母都乘以 $\cos 50°$,得到

$$\frac{2\sin 50°}{2\sin 50° - 1} = \frac{\sin 100°}{\sin 100° - \cos 50°} = \frac{\cos 10°}{\cos 10° - \cos 50°}$$

$$= \frac{\cos 10°}{\cos(30° - 20°) - \cos(30° + 20°)}$$

$$= \frac{\cos 10°}{\sin 20°}$$

于是

$$\cot x = \frac{\cos 10° - \sin 10° \sin 20°}{\cos 10° \sin 20°}$$

但是

$$\cos 10° = \cos(20° - 10°) = \cos 20° \cos 10° + \sin 20° \sin 10°$$

所以

$$\cos 10° - \sin 20° \sin 10° = \cos 20° \cos 10°$$

以及

$$\cot x = \cot 20°$$

于是，$\angle CAD = 20°$.

解法 2　设 R 是 $\triangle ABD$ 的外接圆半径，那么由正弦定理给出 $AB = 2R\sin 100°$ 和 $BC = AD = 2R\sin 50°$. 于是对 $\triangle ABC$ 应用余弦定理，计算得

$$AC^2 = 4R^2 \sin^2 100° + 4R^2 \sin^2 50° - 8R^2 \sin 50° \sin 100° \cos 50°$$
$$= 4R^2 \sin^2 50°$$

因此 $AC = 2R\sin 50° = AD$.

于是 $\triangle ACD$ 是等腰三角形，且 $\angle ACD = \angle ADC = 80°$，因此 $\angle CAD = 20°$.

37. 求一切这样的 $\triangle ABC$：$AB = 8$，且存在一个内点 P，使 $PB = 5$，PC, AC, BC 成公差为 2 的等差数列以及 $\angle BPC = 2\angle BAC$.

解　如图 4.1，设 $x = PC$，则 $AC = x + 2$，$BC = x + 4$. 因为 $BC + AC > AB$，推得 $x > 1$.

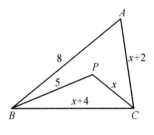

图 4.1

在 $\triangle ABC$ 中，由余弦关系得到

$$\cos \angle BAC = \frac{AB^2 + AC^2 - BC^2}{2AB \cdot AC} = \frac{64 + (x+2)^2 - (x+4)^2}{16(x+2)}$$
$$= \frac{13 - x}{4(x+2)}$$

在 $\triangle PBC$ 中，用同样的方法，我们得到

$$\cos \angle BPC = \frac{PB^2 + PC^2 - BC^2}{2PB \cdot PC} = \frac{25 + x^2 - (x+4)^2}{10x}$$

$$= \frac{9 - 8x}{10x}$$

因为 $\angle BPC = 2\angle BAC$,我们由关系式

$$\cos \angle BPC = 2\cos^2 \angle BAC - 1$$

推得 x 是方程

$$\frac{9 - 8x}{10x} = 2\left[\frac{13 - x}{4(x + 2)}\right]^2 - 1$$

的解.去分母后,我们得到 x 是方程

$$x^3 + 66x^2 - 223x + 48 = (x - 3)(x^2 + 69x - 16) = 0$$

的解.当 $x \geqslant 1$ 时,$x^2 + 69x - 16$ 为正的,所以推出唯一解是

$$x = 3, \quad AB = 8, \quad BC = 7, \quad CA = 5$$

我们注意到

$$\cos \angle BAC = \frac{64 + 25 - 49}{80} = \frac{1}{2}$$

因此 $\angle BAC = 60°$.

38.设 a, b, c 是不同的正实数.证明:在数

$$\left(a + \frac{1}{a}\right)^2 (1 - b^4), \quad \left(b + \frac{1}{b}\right)^2 (1 - c^4), \quad \left(c + \frac{1}{c}\right)^2 (1 - a^4)$$

中至少有一个数不等于 4.

解法 1 为了得到矛盾,假定这三个数都等于 4,那么 a^2, b^2, c^2 都小于 1.第一个等式可写成

$$a^2 + \frac{1}{a^2} = \frac{4}{1 - b^4} - 2$$

设 $a^2 = \tan u, b^2 = \tan v, c^2 = \tan w, u, v, w \in (0, \frac{\pi}{4})$.我们有

$$\frac{\tan^2 u + 1}{\tan u} = 2 \frac{\tan^2 v + 1}{1 - \tan^2 v}$$

这表明

$$\frac{2\tan u}{1 + \tan^2 u} = \frac{1 - \tan^2 v}{1 + \tan^2 v}$$

推出 $\sin 2u = \cos 2v$,因为 $2u, 2v \in (0, \frac{\pi}{2})$,我们有

$$2u + 2v = \frac{\pi}{2}$$

类似地,由第二个等式得到

$$2v + 2w = \frac{\pi}{2}$$

这表明 $u = w$，这是一个矛盾，结论得证.

解法 2　做相反的假定，即这三个数都等于 4. 第一个等式可改写成

$$\frac{2a^2}{1+a^4} = \frac{1-b^4}{1+b^4}$$

于是

$$1 - \left(\frac{2a^2}{1+a^4}\right)^2 = 1 - \left(\frac{1-b^4}{1+b^4}\right)^2$$

即

$$\frac{1-a^4}{1+a^4} = \frac{2b^2}{1+b^4}$$

但是，因为

$$\frac{1-a^4}{1+a^4} = \frac{2c^2}{1+c^4}$$

我们推得 $b = c$，矛盾.

39. 设 a, b, c 是实数，满足 $\cos(a-b) + 2\cos(b-c) \geqslant 3\cos(c-a)$.

证明：$|3\cos a - 2\cos b + 6\cos c| \leqslant 7$.

解　事实上

$$(3\cos a - 2\cos b + 6\cos c)^2$$
$$\leqslant (3\cos a - 2\cos b + 6\cos c)^2 + (3\sin a - 2\sin b + 6\sin c)^2$$
$$= 49 + 12[3\cos(c-a) - \cos(a-b) - 2\cos(b-c)] \leqslant 49$$

40. 设 G 是 $\triangle ABC$ 的重心，M, N, P, Q 分别是 AB, BC, CA, AG 的中点. 证明：当且仅当

$$\sin(A-B)\sin C = \sin(C-A)\sin B$$

时，M, N, P, Q 共圆.

解　设 H 是 $\triangle ABC$ 的垂心，R 是外接圆的半径. 因为 M, N 和 P 是 $\triangle ABC$ 的各边的中点，所以它们的公共圆是 $\triangle ABC$ 的九点圆. 因为九点圆与直线 AH 交于过 A 的高的垂足 A_1，交于 AH 的中点 A_2，我们看到 A 关于九点圆的幂是

$$AA_1 \cdot AA_2 = 2R\sin B\sin C \cdot R\cos A = 2R^2\cos A\sin B\sin C$$

利用正弦定理和余弦定理，我们有

$$AA_1 \cdot AA_2 = \frac{b^2+c^2-a^2}{4}$$

因为 Q 和 G 三等分中线 AN，我们看到当且仅当

$$AQ \cdot AN = \frac{1}{3}AN^2 = \frac{2b^2 + 2c^2 - a^2}{12}$$

有同一个值时,Q 在九点圆上,这可化简为等式 $b^2 + c^2 = 2a^2$.

原方程可改写为

$$0 = \sin(C - A)\sin B + \sin(B - A)\sin C$$

$$= (\cos A \sin C - \sin A \cos C)\sin B + (\cos A \sin B - \sin A \cos B)\sin C$$

$$= 2\cos A \sin B \sin C - \sin A(\sin B \cos C + \sin C \cos B)$$

$$= 2\cos A \sin B \sin C - \sin^2 A$$

利用正弦定理和余弦定理,推得

$$0 = \frac{b^2 + c^2 - a^2}{4R^2} - \frac{a^2}{4R^2}$$

因此也有 $b^2 + c^2 = 2a^2$.

41. 求最小正整数 n,使

$$\frac{1}{\sin 45° \sin 46°} + \frac{1}{\sin 47° \sin 48°} + \cdots + \frac{1}{\sin 133° \sin 134°} = \frac{1}{\sin n°}$$

解   我们证明 $n = 1$. 我们把原等式写成等价的形式

$$\frac{\sin 1°}{\sin 45° \sin 46°} + \frac{\sin 1°}{\sin 47° \sin 48°} + \cdots + \frac{\sin 1°}{\sin 133° \sin 134°} = 1$$

利用恒等式

$$\frac{\sin(b - a)}{\sin a \sin b} = \cot a - \cot b$$

所以,我们有

$$\frac{\sin 1°}{\sin 45° \sin 46°} = \cot 45° - \cot 46°, \qquad \frac{\sin 1°}{\sin 47° \sin 48°} = \cot 47° - \cot 48°$$

等等,直到

$$\frac{\sin 1°}{\sin 133° \sin 134°} = \cot 133° - \cot 134°$$

将所有这些等式并列相加,并重复利用 $\cot(180° - x) + \cot x = 0$,于是我们有

$$\cot 47° + \cot 133° = \cot 49° + \cot 131° = \cdots = \cot 89° + \cot 91° = 0$$

和

$$\cot 46° + \cot 134° = \cot 48° + \cot 132° = \cdots = \cot 88° + \cot 92° = 0$$

还有 $\cot 90° = 0$. 于是我们得到

$$\frac{\sin 1°}{\sin 45° \sin 46°} + \frac{\sin 1°}{\sin 47° \sin 48°} + \cdots + \frac{\sin 1°}{\sin 133° \sin 134°}$$

$$= \cot 45° + \cot 47° + \cdots + \cot 133° - (\cot 46° + \cot 48° + \cdots + \cot 134°)$$

$$= \cot 45° = 1$$

证毕.

42. 设

$$T(n°) = \cos^2(30° - n°) - \cos(30° - n°)\cos(30° + n°) + \cos^2(30° + n°)$$

计算 $4\sum_{n=1}^{30} nT(n°)$.

解 由余弦的二倍角公式和积化和差公式,对一切 n 有

$$2T(n°) = 2\cos^2(30° - n°) - 2\cos(30° - n°)\cos(30° + n°) + 2\cos^2(30° + n°)$$

$$= [1 + \cos(60° - 2n°)] - (\cos 60° + \cos 2n°) + [1 + \cos(60° + 2n°)]$$

$$= 1 + \cos 60°\cos 2n° + \sin 60°\sin 2n° - \cos 60° - \cos 2n° +$$

$$\quad 1 + \cos 60°\cos 2n° - \sin 60°\sin 2n°$$

$$= 2 - \frac{1}{2} = \frac{3}{2}$$

于是,$T(n°)$ 是等于 $\frac{3}{4}$ 的常数函数,原表达式简化为

$$4\sum_{n=1}^{30} nT(n°) = 3\sum_{n=1}^{30} n = 3 \cdot \frac{30 \cdot 31}{2} = 1\,395$$

43. 证明:当且仅当 $\angle A = 60°$ 时,$\triangle ABC$ 的内切圆的直径等于

$$\frac{1}{\sqrt{3}}(AB - BC + CA)$$

解法 1 设 r 是 $\triangle ABC$ 的内切圆半径,设 $\alpha = \angle BAC$. 显然 $0° < \alpha < 180°$ 和

$$2r = \frac{2AB \cdot AC\sin \alpha}{AB + BC + CA}$$

于是

$$2r = \frac{AB - BC + CA}{\sqrt{3}}$$

等价于

$$AB^2 + CA^2 + 2AB \cdot CA - BC^2 = 2\sqrt{3}\,AB \cdot CA\sin \alpha$$

因为 $BC^2 = AB^2 + CA^2 - 2AB \cdot CA\cos \alpha$,我们得到

$$2r = \frac{AB - BC + CA}{\sqrt{3}} \Leftrightarrow 1 + \cos \alpha = \sqrt{3}\sin \alpha$$

即当且仅当 $\sin(\alpha - 30°) = \frac{1}{2}$ 时结论成立,这推出 $\alpha = 60°$.

解法 2 设 a,b,c 是 $\triangle ABC$ 的边长,s 是半周长,r 是内切圆半径. 于是条件

$$2r = \frac{AB - BC + CA}{\sqrt{3}}$$

可改写为

$$\frac{r}{s-a} = \frac{1}{\sqrt{3}}$$

由著名的公式

$$\tan \frac{A}{2} = \frac{r}{s-a}$$

得到

$$\tan \frac{A}{2} = \frac{1}{\sqrt{3}}$$

这等价于 $\angle A = 60°$,这就是要求的.

44. 在 $\triangle ABC$ 中,$2\angle A = 3\angle B$. 证明:

$$(a^2 - b^2)(a^2 + ac - b^2) = b^2 c^2$$

解   我们有 $\angle A = \frac{3\angle B}{2}$ 以及 $\angle C = \pi - \frac{3\angle B}{2} - \angle B$,所以

$$a = 2R\sin \frac{3B}{2}$$

$$b = 2R\sin B$$

$$c = 2R\sin(\pi - \frac{5B}{2}) = 2R\sin \frac{5B}{2}$$

其中 R 是该三角形的外接圆半径. 问题归结为证明

$$\left(\sin^2 \frac{3B}{2} - \sin^2 B\right)\left(\sin^2 \frac{3B}{2} - \sin^2 B + \sin \frac{3B}{2}\sin \frac{5B}{2}\right) = \sin^2 B \sin^2 \frac{5B}{2} \qquad (4.2)$$

利用恒等式

$$\sin^2 u - \sin^2 v = \sin(u+v)\sin(u-v)$$

式(4.2)左边等于

$$\sin \frac{5B}{2}\sin \frac{B}{2}\left(\sin \frac{5B}{2}\sin \frac{B}{2} + \sin \frac{3B}{2}\sin \frac{5B}{2}\right)$$

$$= \sin^2 \frac{5B}{2}\sin \frac{B}{2}\left(\sin \frac{B}{2} + \sin \frac{3B}{2}\right)$$

因为

$$\sin u + \sin v = 2\sin \frac{u+v}{2}\cos \frac{u-v}{2}$$

所以

$$\sin\frac{B}{2}\left(\sin\frac{B}{2}+\sin\frac{3B}{2}\right)=\sin\frac{B}{2}\cdot 2\sin B\cos\frac{B}{2}=\sin^2 B$$

结论得证.

45. 已知

$$\frac{1}{\sin 9°}-\frac{1}{\cos 9°}=a\sqrt{b+\sqrt{b}}$$

其中 a 和 b 是正整数, b 不能被任何质数的平方整除. 求 (a,b).

解　观察到

$$\frac{1}{\sin 9°}-\frac{1}{\cos 9°}=\frac{\cos 9°-\sin 9°}{\sin 9°\cos 9°}$$

$$=\frac{\sqrt{2}\cos(45°+9°)}{\frac{1}{2}\sin 18°}$$

$$=\frac{2\sqrt{2}\cos 54°}{\sin 18°}$$

$$=\frac{2\sqrt{2}\sin 36°}{\sin 18°}$$

$$=4\sqrt{2}\cos 18°$$

现在考虑方程

$$\frac{z^{10}+1}{z^2+1}=0$$

显然 $z=\cos 18°+i\sin 18°$ 是一个解. 将该方程改写为

$$z^8-z^6+z^4-z^2+1=0$$

我们得到

$$z^4+\frac{1}{z^4}-\left(z^2+\frac{1}{z^2}\right)=-1$$

设 $y=z^2+\dfrac{1}{z^2}$, 两边平方, 我们得到

$$y^2-2=z^4+\frac{1}{z^4}$$

于是

$$y^2-2-y=-1\Rightarrow y^2-y-1=0$$

得到

$$y=\frac{1\pm\sqrt 5}{2}$$

因为 $y = z^2 + \dfrac{1}{z^2} = 2\cos 36°$ 是正实数,我们推出

$$2\cos 36° = \frac{1+\sqrt{5}}{2}$$

现在

$$2(2\cos^2 18° - 1) = \frac{1+\sqrt{5}}{2}$$

所以 $4\cos^2 18° = \dfrac{5+\sqrt{5}}{2}$,即 $2\cos 18° = \sqrt{\dfrac{5+\sqrt{5}}{2}}$,于是

$$4\sqrt{2}\cos 18° = 4\sqrt{2} \cdot \frac{1}{2}\sqrt{\frac{5+\sqrt{5}}{2}} = 2\sqrt{5+\sqrt{5}}$$

因此 $(a,b) = (2,5)$.

46.考虑 $\triangle ABC$,$AB = AC$,底边 BC 上存在一点 P,有 $PA = 10$,$PB = 58$,$PC = 68$.

证明:$S_{\triangle ABC} = 2\,022\sin A$.

解 设 $\angle APB = \alpha$,那么 $\angle APC = 180° - \alpha$. 对 $\triangle APB$ 和 $\triangle APC$ 应用余弦定理,得到

$$AB^2 = 10^2 + 58^2 - 2 \cdot 10 \cdot 58\cos \alpha$$

和

$$AC^2 = 10^2 + 68^2 - 2 \cdot 10 \cdot 68\cos(180° - \alpha)$$

因为 $AB = AC$,$\cos(180° - \alpha) = -\cos \alpha$,得到 $\cos \alpha = -\dfrac{1}{2}$.

因此 $\angle APB = 120°$,所以 $AB = AC = \sqrt{4\,044}$,于是

$$S_{\triangle ABC} = \frac{4\,044\sin A}{2} = 2\,022\sin A$$

47.设 a,b,c 是实数,都不等于 -1 和 1,且 $a + b + c = abc$.

证明:$\dfrac{a}{1-a^2} + \dfrac{b}{1-b^2} + \dfrac{c}{1-c^2} = \dfrac{4abc}{(1-a^2)(1-b^2)(1-c^2)}$.

解 两次利用两角和的正切公式,我们得到

$$\tan(x + y + z) = \frac{\tan x + \tan y + \tan z - \tan x\tan y\tan z}{1 - \tan x\tan y - \tan y\tan z - \tan z\tan x}$$

设 $a = \tan x$,$b = \tan y$,$c = \tan z$,这里对一切整数 k,$x,y,z \neq \dfrac{k\pi}{4}$.条件

$$a + b + c = abc$$

变为 $\tan x + \tan y + \tan z = \tan x\tan y\tan z$,因此,由上面的公式得到

$$\tan(x+y+z)=0$$

由二倍角公式,推得

$$\tan(2x+2y+2z)=\frac{2\tan(x+y+z)}{1-\tan^2(x+y+z)}=0$$

对 $2x,2y,2z$ 应用上面的公式,我们有

$$\tan 2x+\tan 2y+\tan 2z=\tan 2x\tan 2y\tan 2z$$

再应用正切的二倍角公式,得到

$$\frac{2\tan x}{1-\tan^2 x}+\frac{2\tan y}{1-\tan^2 y}+\frac{2\tan z}{1-\tan^2 z}=\frac{2\tan x}{1-\tan^2 x}\cdot\frac{2\tan y}{1-\tan^2 y}\cdot\frac{2\tan z}{1-\tan^2 z}$$

结论得证.

48. 设 a 和 b 是区间 $[0,\frac{\pi}{2}]$ 内的实数. 证明: 当且仅当 $a=b$ 时

$$\sin^6 a+3\sin^2 a\cos^2 b+\cos^6 b=1$$

解　上述等式可改写为

$$(\sin^2 a)^3+(\cos^2 b)^3+(-1)^3-3(\sin^2 a)(\cos^2 b)(-1)=0 \tag{4.3}$$

我们将利用恒等式

$$x^3+y^3+z^3-3xyz=\frac{1}{2}(x+y+z)[(x-y)^2+(y-z)^2+(z-x)^2]$$

设 $x=\sin^2 a,y=\cos^2 b,z=-1$. 由方程(4.3),我们有

$$x^3+y^3+z^3-3xyz=0$$

因此

$$x+y+z=0$$

或

$$(x-y)^2+(y-z)^2+(z-x)^2=0$$

后者表明 $x=y=z$,因此 $\sin^2 a=\cos^2 b=-1$,这不可能. 于是 $x+y+z=0$,所以

$$\sin^2 a+\cos^2 b-1=0$$

或

$$\sin^2 a=1-\cos^2 b$$

推出 $\sin^2 a=\sin^2 b$,考虑到 $0\leqslant a,b\leqslant\frac{\pi}{2}$,我们得到 $a=b$. 即使上面的各个步骤都可逆,我们也将明确证明,如果 $a=b$,那么

$$\sin^6 a+3\sin^2 a\cos^2 b+\cos^6 b=1$$

事实上,左边的表达式可改写为

$$(\sin^2 a+\cos^2 a)(\sin^4 a-\sin^2 a\cos^2 a+\cos^4 a)+3\sin^2 a\cos^2 a$$

$$= (\sin^2 a + \cos^2 a)^2 - 3\sin^2 a\cos^2 a + 3\sin^2 a\cos^2 a = 1$$

49. 设 $a \in (0, \frac{\pi}{2})$，满足

$$\sqrt{2\,022}\sin a - \cos(a + \frac{\pi}{6}) = \sqrt{3} + \cos(a - \frac{\pi}{6})$$

已知对正整数 $m, n \geqslant 2$，有

$$15\sin a + 2\sqrt{\frac{\cos a}{3}} = \frac{\sqrt{m+2} + \sqrt{m-2}}{n}$$

求 $m + n$.

解 因为

$$\cos(a + \frac{\pi}{6}) + \cos(a - \frac{\pi}{6}) = 2\cos a\cos\frac{\pi}{6} = \sqrt{3}\cos a$$

我们有

$$\sqrt{2\,022}\sin a = \sqrt{3} + \sqrt{3}\cos a$$

所以

$$\sqrt{674}\sin a = 1 + \cos a$$

利用公式

$$\sin a = 2\sin\frac{a}{2}\cos\frac{a}{2}, \quad 1 + \cos a = 2\cos^2\frac{a}{2}$$

我们得到 $t = \tan\frac{a}{2} = \frac{1}{\sqrt{674}}$，推出

$$\sin a = \frac{2t}{1 + t^2} = \frac{2\sqrt{674}}{675}$$

和

$$\cos a = \frac{1 - t^2}{1 + t^2} = \frac{673}{675}$$

因此

$$15\sin a + 2\sqrt{\frac{\cos a}{3}} = 2\frac{\sqrt{674}}{45} + 2\frac{\sqrt{673}}{45} = \frac{\sqrt{2\,696} + \sqrt{2\,692}}{45}$$

这表明 $m = 2\,694, n = 45$.

50. 设 $a \in (\frac{\pi}{4}, \frac{\pi}{2})$，满足 $\sin(\sqrt{2}\cos a) = \cos(\sqrt{2}\sin a)$. 证明：

(a) $a > \frac{11\pi}{24}$.

（b）对某整数 m 和 n，有 $\tan a + \cot a = \dfrac{m}{\pi^2 + n}$.

解　我们有

$$\sin(\sqrt{2}\cos a) = \sin(\frac{\pi}{2} - \sqrt{2}\sin a)$$

所以

$$\sqrt{2}\cos a = \frac{\pi}{2} - \sqrt{2}\sin a$$

或者

$$\sqrt{2}\cos a = \pi - (\frac{\pi}{2} - \sqrt{2}\sin a)$$

这分别表明

$$\cos a + \sin a = \frac{\pi}{2\sqrt{2}}$$

或者

$$\cos a - \sin a = \frac{\pi}{2\sqrt{2}}$$

因为 $\cos a < \sin a$，所以第二个式子是不可能的. 于是

$$1 + 2\sin a\cos a = \frac{\pi^2}{8}$$

得到

$$\sin 2a = \frac{\pi^2}{8} - 1$$

（a）我们有

$$\sin 2a = \frac{\pi^2}{8} - 1 < \frac{10}{8} - 1 = \frac{1}{4} < \frac{\sqrt{6} - \sqrt{2}}{4} = \sin\frac{\pi}{12}$$

因为 $2a > \dfrac{\pi}{2}$，我们得到 $2a > \pi - \dfrac{\pi}{12}$，因此 $a > \dfrac{11\pi}{24}$.

（b）我们有

$$\tan a + \cot a = \frac{\sin a}{\cos a} + \frac{\cos a}{\sin a} = \frac{1}{\sin a\cos a} = \frac{2}{\sin 2a} = \frac{16}{\pi^2 - 8}$$

这就是要证明的.

51. 证明：

$$(4\cos^2 9° - 1)(4\cos^2 27° - 1)(4\cos^2 81° - 1)(4\cos^2 243° - 1)$$

是整数.

解　我们写出正弦的三倍角公式

$$\sin 3x = 3\sin x - 4\sin^3 x$$
$$= \sin x [3 - 4(1 - \cos^2 x)]$$
$$= \sin x (4\cos^2 x - 1)$$

得到

$$4\cos^2 x - 1 = \frac{\sin 3x}{\sin x}$$

我们的乘积

$$(4\cos^2 9° - 1)(4\cos^2 27° - 1)(4\cos^2 81° - 1)(4\cos^2 243° - 1)$$

$$= \frac{\sin 27°}{\sin 9°} \cdot \frac{\sin 81°}{\sin 27°} \cdot \frac{\sin 243°}{\sin 81°} \cdot \frac{\sin 729°}{\sin 243°}$$

$$= \frac{\sin 729°}{\sin 9°} = 1$$

这是因为 $\sin 729° = \sin(9° + 2 \cdot 360°) = \sin 9°$.

52. 证明：$\cos 6° \cos 42° \cos 66° \cos 78° = \frac{1}{16}$.

解　由例 31 的第二个恒等式(分别用 $x = 6°$ 和 $x = 18°$ 代入)，我们有

$$\cos 6° \cos 54° \cos 66° = \frac{1}{4} \cos 18°$$

和

$$\cos 18° \cos 42° \cos 78° = \frac{1}{4} \cos 54°$$

显然，为了得到所求的结果，只要上面两个等式逐项相乘(然后约去 $\cos 18° \cos 54° \neq 0$).

53. 证明：$\sin 25° \sin 35° \sin 60° \sin 85° = \sin 20° \sin 40° \sin 75° \sin 80°$.

解　利用例 31，我们得到

$$\sin 25° \sin 35° \sin 85° = \sin 25° \sin(60° - 25°) \sin(60° + 25°)$$

$$= \frac{1}{4} \sin 75°$$

类似地，我们有

$$\sin 20° \sin 40° \sin 80 = \frac{1}{4} \sin 60°$$

于是推出要证明相等的两个乘积都等于 $\frac{1}{4} \sin 60° \sin 75°$，特别是它们相等.

54. 设 n 是整数，且 $n \geqslant 2$. 证明：

$$\prod_{k=1}^{n} \tan \left[\frac{\pi}{3} \left(1 + \frac{3^k}{3^n - 1} \right) \right] = \prod_{k=1}^{n} \cot \left[\frac{\pi}{3} \left(1 - \frac{3^k}{3^n - 1} \right) \right]$$

解　设

$$a_k = \tan \frac{3^{k-1}\pi}{3^n - 1}$$

容易看出,对一切 $n > 1$ 和一切 $k \in \mathbf{N}$,a_k 有定义,且不等于 $\pm\sqrt{3}$ 和 $\pm\dfrac{1}{\sqrt{3}}$ 中的任何数.

我们的方程可写成以下的等价形式

$$\prod_{k=1}^{n} \frac{\sqrt{3} + a_k}{1 - \sqrt{3}\,a_k} = \prod_{k=1}^{n} \frac{1 + \sqrt{3}\,a_k}{\sqrt{3} - a_k}$$

$$\Leftrightarrow \prod_{k=1}^{n} \frac{3 - a_k^2}{1 - 3a_k^2} = 1$$

$$\Leftrightarrow \prod_{k=1}^{n} \frac{1}{a_k} \cdot \frac{3a_k - a_k^3}{1 - 3a_k^2} = 1$$

$$\Leftrightarrow \prod_{k=1}^{n} \frac{a_{k+1}}{a_k} = 1$$

$$\Leftrightarrow a_{n+1} = a_1$$

最后一个等式成立是因为

$$\frac{3^n \pi}{3^n - 1} = \pi + \frac{\pi}{3^n - 1}$$

注意到当我们用 a_{k+1} 代替 $\dfrac{3a_k - a_k^3}{1 - 3a_k^2}$ 时,多次使用了三倍角的正切公式.

55.(a) 证明:

$$\sum_{k=1}^{n} (-1)^{k-1} \cos \frac{k\pi}{2n+1} = \frac{1}{2}$$

(b) 证明:对一切 $n \geqslant 1$,有

$$\prod_{k=1}^{n} \cos \frac{k\pi}{2n+1} = \frac{1}{2^n}$$

解　(a) 设 $\omega = \mathrm{e}^{\frac{\mathrm{i}\pi}{2n+1}}$,则所求的和恰好是几何级数

$$\sum_{k=1}^{n} (-1)^{k-1} \omega^k = \frac{\omega + \omega^{n+1}}{1 + \omega} = \frac{(\omega + \omega^{n+1})(1 + \omega^{-1})}{(1 + \omega)(1 + \omega^{-1})}$$

$$= \frac{1 + \omega + \omega^n + \omega^{n+1}}{2 + \omega + \omega^{-1}}$$

的实数部分.因为等式(1.6)和恒等式 $\omega^{2n+1} = \mathrm{e}^{\mathrm{i}\pi} = -1$ 给出

$$\omega + \omega^{-1} = 2\cos \frac{\pi}{2n+1}$$

和

$$\omega^n + \omega^{n+1} = \omega^n - \omega^{-n} = 2\mathrm{i}\sin\frac{n\pi}{2n+1}$$

我们得到

$$\sum_{k=1}^{n}(-1)^{k-1}\omega^k = \frac{1+\cos\dfrac{\pi}{2n+1}+\mathrm{i}\sin\dfrac{\pi}{2n+1}+2\mathrm{i}\sin\dfrac{n\pi}{2n+1}}{2(1+\cos\dfrac{\pi}{2n+1})}$$

取实部和虚部,我们得到所需要的公式

$$\sum_{k=1}^{n}(-1)^{k-1}\cos\frac{k\pi}{2n+1}=\frac{1}{2}$$

我们还得到

$$\sum_{k=1}^{n}(-1)^{k-1}\sin\frac{k\pi}{2n+1}=\frac{\sin\dfrac{\pi}{2n+1}+2\sin\dfrac{n\pi}{2n+1}}{2(1+\cos\dfrac{\pi}{2n+1})}$$

(b) 因为当 $1\leqslant k\leqslant n$ 时, $\sin\dfrac{k\pi}{2n+1}$ 非零,所以只需证明

$$2^n\prod_{k=1}^{n}\sin\frac{k\pi}{2n+1}\prod_{k=1}^{n}\cos\frac{k\pi}{2n+1}=\prod_{k=1}^{n}\sin\frac{k\pi}{2n+1}$$

利用 $\sin 2x = 2\sin x\cos x$,左边实际上是

$$2^n\prod_{k=1}^{n}\sin\frac{k\pi}{2n+1}\prod_{k=1}^{n}\cos\frac{k\pi}{2n+1}=\prod_{k=1}^{n}\left(2\sin\frac{k\pi}{2n+1}\cos\frac{k\pi}{2n+1}\right)$$

$$=\prod_{k=1}^{n}\sin\frac{2k\pi}{2n+1}$$

因此只需证明恒等式

$$\prod_{k=1}^{n}\sin\frac{k\pi}{2n+1}=\prod_{k=1}^{n}\sin\frac{2k\pi}{2n+1}$$

因为 $\sin(\pi-x)=\sin x$,我们可以写成

$$\prod_{k=1}^{n}\sin\frac{k\pi}{2n+1}$$

$$=\prod_{1\leqslant k\leqslant n,\,2\mid k}\sin\frac{k\pi}{2n+1}\cdot\prod_{1\leqslant k\leqslant n,\,2\mid k+1}\sin\left(\pi-\frac{k\pi}{2n+1}\right)$$

$$=\prod_{1\leqslant k\leqslant n,\,2\mid k}\sin\frac{k\pi}{2n+1}\cdot\prod_{1\leqslant k\leqslant n,\,2\mid k+1}\sin\left(\frac{(2n+1-k)\pi}{2n+1}\right)$$

当 k 取遍 1 和 n 之间的一切奇数时,数 $2n+1-k$ 取遍 $n+1$ 和 $2n$ 之间的一切偶数,于是推出结论.

56. 在 $\triangle ABC$ 中, $R=4r$. 证明:当且仅当 $\cos C=\dfrac{3}{4}$ 时, $\angle A-\angle B=90°$.

解　因为

$$r = 4R\sin\frac{A}{2}\sin\frac{B}{2}\sin\frac{C}{2}$$

我们得到

$$2\sin\frac{A}{2}\sin\frac{B}{2}\sin\frac{C}{2} = \frac{1}{8}$$

因此

$$\left(\cos\frac{A-B}{2} - \cos\frac{A+B}{2}\right)\sin\frac{C}{2} = \frac{1}{8}$$

这表明

$$\left(\cos\frac{A-B}{2} - \sin\frac{C}{2}\right)\sin\frac{C}{2} = \frac{1}{8}$$

如果 $\angle A - \angle B = 90°$，那么 $\cos\dfrac{A-B}{2} = \dfrac{\sqrt{2}}{2}$，得到

$$\left(\sin\frac{C}{2} - \frac{1}{2\sqrt{2}}\right)^2 = 0$$

所以

$$\sin\frac{C}{2} = \frac{1}{2\sqrt{2}}$$

这表明

$$\cos C = 1 - 2\sin^2\frac{C}{2} = \frac{3}{4}$$

如果 $\cos C = \dfrac{3}{4}$，那么

$$\sin\frac{C}{2} = \sqrt{\frac{1-\frac{3}{4}}{2}} = \frac{\sqrt{2}}{4}$$

我们得到 $\cos\dfrac{A-B}{2} - \dfrac{\sqrt{2}}{4} = \dfrac{\sqrt{2}}{4}$，这表明 $\angle A - \angle B = 90°$.

57.求方程组

$$\begin{cases} \sin x + \sin y = \sqrt{\dfrac{2x}{\pi}} + \sqrt{\dfrac{\pi}{8y}} \\ \cos x + \cos y = \sqrt{\dfrac{2y}{\pi}} + \sqrt{\dfrac{\pi}{8x}} \end{cases}$$

的正实数解.

解　将以上两个方程逐项相加得到

$$(\sin x + \cos x) + (\sin y + \cos y) = (\sqrt{\frac{2x}{\pi}} + \sqrt{\frac{\pi}{8x}}) + (\sqrt{\frac{2y}{\pi}} + \sqrt{\frac{\pi}{8y}})$$

但是对一切 $a > 0$，$\sin a + \cos a = \sqrt{2}\sin(a + \frac{\pi}{4}) \leqslant \sqrt{2}$，以及

$$\sqrt{\frac{2a}{\pi}} + \sqrt{\frac{\pi}{8a}} \geqslant 2\sqrt{\sqrt{\frac{2a}{\pi}} \cdot \sqrt{\frac{\pi}{8a}}} = \sqrt{2}$$

所以左边小于或等于 $2\sqrt{2}$，右边大于或等于 $2\sqrt{2}$，当且仅当

$$\sin(x + \frac{\pi}{4}) = \sin(y + \frac{\pi}{4}) = 1$$

以及

$$\sqrt{\frac{2x}{\pi}} = \sqrt{\frac{\pi}{8x}}, \quad \sqrt{\frac{2y}{\pi}} = \sqrt{\frac{\pi}{8y}}$$

时，等号成立. 这表明 $16x^2 = 16y^2 = \pi^2$，即 $x = y = \frac{\pi}{4}$.

解 $(x, y) = (\frac{\pi}{4}, \frac{\pi}{4})$ 满足方程组.

58. 在 $\triangle ABC$ 中，证明：

$$\frac{\cos A}{\sin^2 A} + \frac{\cos B}{\sin^2 B} + \frac{\cos C}{\sin^2 C} \geqslant \frac{R}{r}$$

解 我们连续重新排列所求的不等式

$$\sum_{\text{cyc}} \frac{\cos A}{\sin^2 A} \geqslant \frac{R}{r} \Leftrightarrow \sum_{\text{cyc}} \frac{\cos A}{4R^2\sin^2 A} \geqslant \frac{1}{4Rr}$$

$$\Leftrightarrow \sum_{\text{cyc}} \frac{\cos A}{a^2} \geqslant \frac{s}{4Rrs} \Leftrightarrow \sum_{\text{cyc}} \frac{\cos A}{a^2} \geqslant \frac{s}{abc}$$

$$\Leftrightarrow \sum_{\text{cyc}} \frac{2bc\cos A}{a} \geqslant 2s$$

$$\Leftrightarrow \sum_{\text{cyc}} \frac{b^2 + c^2 - a^2}{a} \geqslant a + b + c$$

$$\Leftrightarrow \sum_{\text{cyc}} \frac{b^2 + c^2}{a} \geqslant 2(a + b + c)$$

最后一个不等式成立是因为 AM−GM 不等式给出

$$\frac{b^2}{a} + a \geqslant 2b$$

将该式和另两个类似的不等式相加给出

$$\sum_{\text{cyc}} \frac{b^2}{a} \geqslant \sum_{\text{cyc}} (2b - a) = a + b + c$$

类似地有

$$\sum_{\text{cyc}} \frac{c^2}{a} \geqslant \sum_{\text{cyc}} (2c - a) = a + b + c$$

59. 证明：

（a）对于任意 $\triangle ABC$，有

$$\frac{m_a^2}{bc} + \frac{m_b^2}{ca} + \frac{m_c^2}{ab} \geqslant 2 + \frac{r}{2R}$$

（b）如果 $\triangle ABC$ 是锐角三角形，那么

$$\frac{m_a^2}{b^2 + c^2} + \frac{m_b^2}{c^2 + a^2} + \frac{m_c^2}{a^2 + b^2} \leqslant 1 + \frac{r}{4R}$$

解 （a）设 s, E 分别是三角形的半周长和面积，那么我们有

$$4m_a^2 = 2(b^2 + c^2) - a^2 \geqslant (b + c)^2 - a^2$$
$$= (a + b + c)(b + c - a)$$
$$= 4s(s - a)$$

类似地

$$4m_b^2 \geqslant 4s(s - b)$$

和

$$4m_c^2 \geqslant 4s(s - c)$$

于是

$$\frac{m_a^2}{bc} + \frac{m_b^2}{ca} + \frac{m_c^2}{ab} \geqslant \frac{s}{abc}[a(s - a) + b(s - b) + c(s - c)]$$
$$= \frac{s}{abc} \cdot (2s^2 - a^2 - b^2 - c^2)$$
$$= \frac{2s}{abc} \cdot (ab + bc + ca - s^2)$$
$$= 2 + \frac{2(s - a)(s - b)(s - c)}{abc}$$
$$= 2 + \frac{E}{2s} \cdot \frac{4E}{abc} = 2 + \frac{r}{2R}$$

当 $a = b = c$ 时等式成立.

（b）对锐角三角形，$\cos A, \cos B, \cos C$ 为正的.

我们有

$$4m_a^2 = 2(b^2 + c^2) - a^2$$
$$= b^2 + c^2 + 2bc\cos A$$

$$\leqslant (b^2 + c^2)(1 + \cos A)$$

类似地,有

$$4m_b^2 \leqslant (a^2 + c^2)(1 + \cos B)$$

和

$$4m_c^2 \leqslant (a^2 + b^2)(1 + \cos C)$$

于是

$$\frac{m_a^2}{b^2 + c^2} + \frac{m_b^2}{c^2 + a^2} + \frac{m_c^2}{a^2 + b^2} \leqslant \frac{3}{4} + \frac{1}{4}\sum_{\text{cyc}} \cos A$$

$$= \frac{3}{4} + \frac{1}{4}(1 + \frac{r}{R})$$

$$= 1 + \frac{r}{4R}$$

这里我们利用了熟悉的表达式

$$\cos A + \cos B + \cos C - 1$$

$$= \frac{b^2 + c^2 - a^2}{2bc} + \frac{a^2 + c^2 - b^2}{2ac} + \frac{a^2 + b^2 - c^2}{2ab} - 1$$

$$= \frac{4(s-a)(s-b)(s-c)}{abc} = \frac{r}{R}$$

当 $a = b = c$ 时等式成立.

第 5 章　　提高题的解答

1. 设 $ABCD$ 是四边形，$AB = CD = 4$，$AD^2 + BC^2 = 32$ 和 $\angle ABD + \angle BDC = 51°$.
如果 $BD = \sqrt{6} + \sqrt{5} + \sqrt{2} + 1$，求 AC.

解法 1　首先，注意到

$$\cos 15° = \cos(45° - 30°) = \cos 45° \cos 30° + \sin 45° \sin 30°$$

$$= \frac{\sqrt{2}}{2} \cdot \frac{\sqrt{3}}{2} + \frac{\sqrt{2}}{2} \cdot \frac{1}{2} = \frac{\sqrt{6} + \sqrt{2}}{4}$$

还注意到 De Moivre 公式

$$\cos 5\alpha = \cos \alpha (1 - 12\sin^2\alpha + 16\sin^4\alpha)$$

所以 $\cos 5\alpha = 0$ 的解有

$$\sin^2\alpha = \frac{6 \pm 2\sqrt{5}}{16} = \frac{3 \pm \sqrt{5}}{8}$$

现在，$\cos 5\alpha = 0$ 在第一象限的解为正，所以 $\alpha = 18°(5\alpha = 90°)$ 和 $\alpha = 54°(5\alpha = 270°)$.
负号必定相对于较小的角，因此正弦的较小的值是 $\alpha = 18°$，于是

$$\cos 36° = 1 - 2\sin^2 18° = 1 - 2 \cdot \frac{3 - \sqrt{5}}{8} = \frac{\sqrt{5} + 1}{4}$$

推出

$$BD = 4\cos 36° + 4\cos 15°$$

设 $\beta = \angle ABD$，$\delta = \angle BDC$. 由余弦定理得

$$AD^2 = 16 + BD^2 - 8BD\cos \beta$$

$$BC^2 = 16 + BD^2 - 8BD\cos \delta$$

所以相加并利用 $AD^2 + BC^2 = 32$，我们有

$$2\cos \frac{\beta + \delta}{2} \cos \frac{\beta - \delta}{2} = \cos \beta + \cos \delta$$

$$= \frac{BD}{4} = \cos 36° + \cos 15°$$

$$= 2\cos \frac{51°}{2} + \cos \frac{21°}{2}$$

不失一般性，设 $\beta \geqslant \delta$（因为我们可以交换 A 和 C，同时交换 B 和 D，问题没有改变），

因为 $\beta+\delta=36°+15°$,我们有 $\beta-\delta=36°-15°$,所以 $\beta=36°,\delta=15°$. 设 $\alpha=\angle ADB$,由正弦定理和余弦定理得

$$\sin\alpha=\frac{4\sin 36°}{AD},\quad \cos\alpha=\frac{BD^2+AD^2-16}{2AD\cdot BD}$$

同时有

$$\sin 15°=\frac{\sqrt 6-\sqrt 2}{4}$$

以及

$$\sin^2 15°+\cos^2 15°=1$$

因此

$$\cos\angle ADC=\cos 15°\cos\alpha-\sin 15°\sin\alpha$$

$$=\frac{2+\sqrt 3}{AD}-\frac{(\sqrt 3-1)\sqrt{5-\sqrt 5}}{2AD}$$

这里我们用了 $\sin 36°=\frac{\sqrt{10-2\sqrt 5}}{4}$,由余弦定理

$$AD^2=AB^2+BD^2-2AB\cdot BD\cos\beta=18+4\sqrt 3-2\sqrt 5$$

现在再用余弦定理,经过一些代数运算后,我们最后得到

$$AC^2=AD^2+16-8AD\cos\angle ADC$$

$$=18-4\sqrt 3-2\sqrt 5+2(\sqrt 6-\sqrt 2)\sqrt{10-2\sqrt 5}$$

$$=(\sqrt 6-\sqrt 2)^2+(\sqrt{10-2\sqrt 5})^2+2(\sqrt 6-\sqrt 2)\sqrt{10-2\sqrt 5}$$

$$=(\sqrt 6-\sqrt 2+\sqrt{10-2\sqrt 5})^2$$

最后

$$AC=\sqrt 6-\sqrt 2+\sqrt{10-2\sqrt 5}$$

解法 2 我们有

$$AB^2+CD^2=AD^2+BC^2$$

所以对角线 AC 和 BD 互相垂直.

如果我们用 E 表示对角线的交点,那么

$$BE+ED=AB\cos u+CD\cos v=4(\cos u+\cos v)$$

这里 $u=\angle ABD,v=\angle BDC$.

但是

$$BE+ED=(\sqrt 6+\sqrt 2)+(\sqrt 5+1)$$

$$= 4\cos 36° + 4\cos 15°$$

推出

$$\cos u + \cos v = \cos 36° + \cos 15°$$

这表明

$$2\cos \frac{u+v}{2}\cos \frac{u-v}{2} = 2\cos \frac{51°}{2}\cos \frac{21°}{2}$$

条件 $u + v = 51°$ 表明 $|u - v| = 21°$,所以假定 $u > v$,我们得到 $u = 36°$, $v = 15°$. 因此

$$BE = \sqrt{5} + 1, \quad ED = \sqrt{6} + \sqrt{2}$$

这表明 $AC = AE + EC = 4\sin u + 4\sin v = \sqrt{10 - 2\sqrt{5}} + \sqrt{6} - \sqrt{2}$.

2. 在 $\triangle ABC$ 中,$\angle A > \angle B$. 证明:当且仅当

$$\frac{AB}{BC - CA} = \sqrt{1 + \frac{BC}{CA}}$$

时,$\angle A = 3\angle B$.

解 由余弦定理得

$$c^2 = a^2 + b^2 - 2ab\cos C$$

我们得到

$$c^2 = (a - b)^2 + 4ab\sin^2 \frac{C}{2}$$

因此

$$\frac{c^2}{(a - b)^2} = 1 + \frac{4ab\sin^2 \dfrac{C}{2}}{(a - b)^2} \tag{1}$$

利用式(1)和正弦定理,我们有

$$\frac{AB}{BC - CA} = \sqrt{1 + \frac{BC}{CA}} \Leftrightarrow \frac{c^2}{(a - b)^2} = 1 + \frac{a}{b}$$

$$\Leftrightarrow 1 + \frac{4ab\sin^2 \dfrac{C}{2}}{(a - b)^2} = 1 + \frac{a}{b} \Leftrightarrow 2b\sin \frac{C}{2} = a - b$$

$$\Leftrightarrow 2\sin B\sin \frac{C}{2} = \sin A - \sin B$$

$$\Leftrightarrow 2\sin B\sin \frac{C}{2} = 2\sin \frac{A - B}{2}\cos \frac{A + B}{2}$$

$$\Leftrightarrow \sin B = \sin \frac{A - B}{2} \Leftrightarrow B = \frac{A - B}{2} \Leftrightarrow A = 3B$$

(因为 $\angle A > \angle B$,我们有 $\angle B$, $\angle \dfrac{A - B}{2} \in \left(0, \dfrac{\pi}{2}\right)$,函数 $\sin x : \left(0, \dfrac{\pi}{2}\right) \to (0,1)$ 是双

射.)

3.对于实数 x,求

$$| \sin x + \cos x + \tan x + \cot x + \sec x + \csc x |$$

的最小值.

解 设 $a = \sin x, b = \cos x$,我们要使

$$P = \left| a + b + \frac{a}{b} + \frac{b}{a} + \frac{1}{a} + \frac{1}{b} \right|$$

$$= \left| \frac{ab(a+b) + a^2 + b^2 + a + b}{ab} \right|$$

最小.注意到

$$a^2 + b^2 = \sin^2 x + \cos^2 x = 1$$

设 $c = a + b$,那么

$$c^2 = (a+b)^2 = 1 + 2ab$$

所以

$$2ab = c^2 - 1$$

还注意到由加减法公式,我们有

$$c = \sin x + \cos x$$

$$= \sqrt{2} \left(\frac{\sqrt{2}}{2} \sin x + \frac{\sqrt{2}}{2} \cos x \right) = \sqrt{2} \sin \left(\frac{\pi}{4} + x \right)$$

所以 c 的取值范围是 $[-\sqrt{2}, \sqrt{2}]$.于是只要对区间 $[-\sqrt{2}, \sqrt{2}]$ 中的 c 求出

$$P(c) = \left| \frac{2ab(a+b) + 2 + 2(a+b)}{2ab} \right|$$

$$= \left| \frac{c(c^2 - 1) + 2(c+1)}{c^2 - 1} \right|$$

$$= \left| c + \frac{2}{c-1} \right|$$

$$= \left| c - 1 + \frac{2}{c-1} + 1 \right|$$

的最小值.

如果 $c - 1 > 0$,那么由 AM - GM 不等式得

$$c - 1 + \frac{2}{c-1} > 2\sqrt{2}$$

所以

$$P(c) > 1 + 2\sqrt{2}$$

如果 $c-1<0$,那么用同样的方法有

$$c-1+\frac{2}{c-1}=-\left[(1-c)+\frac{2}{1-c}\right]\leqslant-2\sqrt{2}$$

当且仅当 $1-c=\frac{2}{1-c}$,或 $c=1-\sqrt{2}$ 时,等式成立.推出所求的最小值是

$$|-2\sqrt{2}+1|=2\sqrt{2}-1$$

当 $c=1-\sqrt{2}$ 时取到.

注　取函数

$$f(x)=\sin x+\cos x+\tan x+\cot x+\sec x+\csc x$$

的导数并考虑它的唯一的临界点对这一问题来说是一件麻烦事,因为要证明 $f(x)$ 平滑地越过 x 轴十分困难.实际上,我们只要做少量的工作就能证明在这个解处 $f(x)\neq0$.

4.求

$$f(x)=\sqrt{\sin^4x+\cos^2x+1}+\sqrt{\cos^4x+\sin^2x+1}$$

的最大值和最小值.

解　注意到

$$\sin^4x+\cos^2x+1=(1-\cos^2x)^2+\cos^2x+1$$
$$=\cos^4x-\cos^2x+2$$

和

$$\cos^4x+\sin^2x+1=\cos^4x+(1-\cos^2x)+1$$
$$=\cos^4x-\cos^2x+2$$

由此可见,$f(x)$ 的定义中的两项相等.进一步利用余弦的四倍角公式

$$\cos4x=8\cos^4x-8\cos^2x+1$$

我们看到

$$f(x)=\sqrt{\frac{15+\cos4x}{2}}$$

因为 $-1\leqslant\cos4x\leqslant1$,推出

$$\sqrt{7}\leqslant f(x)\leqslant2\sqrt{2}$$

注意到 $f\left(\frac{\pi}{4}\right)=\sqrt{7}$ 和 $f(0)=2\sqrt{2}$,这就是最大值和最小值.

5.在边长为 a 的正 n 边形 Γ_a 的内部画一个边长为 b 的正 n 边形 Γ_b,使 Γ_a 的外心不在 Γ_b 的内部.证明:$b<\dfrac{a}{2\cos^2\dfrac{\pi}{2n}}$.

解 众所周知

$$2\cos^2\frac{\pi}{2n} = \cos\frac{\pi}{n} + 1$$

在任何 $\triangle A_i A_{i+1} A_j$ 和 $\triangle B_i B_{i+1} B_j$ 中,由正弦定理还可推出

$$a = 2R_a\sin\frac{\pi}{n}, \quad b = 2R_b\sin\frac{\pi}{n}$$

这里 R_a 和 R_b 分别是 Γ_a 和 Γ_b 的外接圆半径,$A_i, A_j, A_k, B_i, B_j, B_k$ 是这两个多边形的顶点,$1 \leqslant i \neq j \neq k \leqslant n$.

那么,给定的不等式可等价地写成以下形式

$$b < \frac{a}{2\cos^2\dfrac{\pi}{2n}}$$

$$\Leftrightarrow 2R_b\sin\frac{\pi}{n} < \frac{2R_a\sin\dfrac{\pi}{n}}{\cos\dfrac{\pi}{n}+1}$$

$$\Leftrightarrow R_b\left(\cos\frac{\pi}{n}+1\right) < R_a$$

但是,显然 $R_b\cos\dfrac{\pi}{n}$ 是正 n 边形 Γ_b 的边心距(中心到边的距离)h_b,因此,只要证明 $R_a > R_b + h_b$. 我们将证明 Γ_b 的外接圆在 Γ_a 的外接圆的内部或与之相切,这等价于

$$R_a \geqslant R_b + O_a O_b \tag{1}$$

其中 O_a, O_b 分别是 Γ_a, Γ_b 的外接圆的圆心. 因为 O_a 不在 Γ_b 的内部,所以容易看出 $O_a O_b > h_b$,这就可解决问题.

为了寻找矛盾,假定这两个外接圆相交. 设 K 是位于 Γ_a 的劣弧 $A_m A_l$ 上的一点(非顶点),并在 Γ_b 的外接圆的内部,这里 A_m, A_l 是正 n 边形的两个连续的顶点. 于是,$\angle A_m K A_l = \dfrac{\pi(n-1)}{n}$. 此外,$\Gamma_a$ 是凸的,并且 Γ_b 位于其中,$\angle A_m K A_l > \angle B_i K B_j$,这里 B_i, B_j 是 Γ_b 的两个连续的顶点,且 K 位于劣弧 $B_i B_j$ 和弦 $B_i B_j$ 之间. 但是,因为在 Γ_b 的外接圆的内部,所以 $\angle B_i K B_j > \dfrac{\pi(n-1)}{n}$,矛盾. 于是,这两个外接圆不相交.

6. 在 $\triangle ABC$ 中,BD 是 $\angle ABC$ 的平分线. $\triangle BCD$ 的外接圆交 AB 于 E,且 E 在 A, B 之间. $\triangle ABC$ 的外接圆交 CE 于 F. 证明:

$$\frac{BC}{BD} + \frac{BF}{BA} = \frac{CE}{CD}$$

解 如图 5.1,因为四边形 $EDCB$ 是圆内接四边形,在 $\triangle DEC$ 中由正弦定理,我们有

$$\frac{CE}{CD}=\frac{\sin\angle EDC}{\sin\angle CED}=\frac{\sin(180°-B)}{\sin\angle CBD}=\frac{\sin B}{\sin\dfrac{B}{2}}=2\cos\frac{B}{2} \tag{1}$$

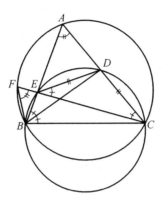

图 5.1

根据 $\triangle DBC$，$\triangle FBC$，$\triangle ABC$ 中的正弦定理，我们有

$$\frac{BC}{BD}+\frac{BF}{BA}=\frac{\sin\angle BDC}{\sin\angle DCB}+\frac{2R\sin\angle FCB}{2R\sin\angle ACB}$$

$$=\frac{\sin\left(180°-C-\dfrac{B}{2}\right)}{\sin C}+\frac{\sin(C-\angle DCE)}{\sin C}$$

$$=\frac{\sin\left(C+\dfrac{B}{2}\right)}{\sin C}+\frac{\sin\left(C-\dfrac{B}{2}\right)}{\sin C}$$

$$=\frac{2\sin C\sin\dfrac{B}{2}}{\sin C}=2\cos\frac{B}{2} \tag{2}$$

由式(1)和式(2)我们得到

$$\frac{BC}{BD}+\frac{BF}{BA}=\frac{CE}{CD}$$

7. 在任何 $\triangle ABC$ 中，证明以下不等式成立：

$$\sin^2 2A+\sin^2 2B+\sin^2 2C\geqslant 2\sqrt{3}\sin 2A\sin 2B\sin 2C$$

解法 1　我们需要证明以下引理.

引理 5.1

$$\sin^2 2A+\sin^2 2B+\sin^2 2C\geqslant\frac{16}{3}\sin^2 A\sin^2 B\sin^2 C$$

证明　由已知的恒等式

$$\sin 2A+\sin 2B+\sin 2C=4\sin A\sin B\sin C$$

得到

$$(\sin 2A - \sin 2B)^2 + (\sin 2B - \sin 2C)^2 + (\sin 2C - \sin 2A)^2 \geqslant 0$$

$$\Leftrightarrow 3(\sin^2 2A + \sin^2 2B + \sin^2 2C) \geqslant (\sin 2A + \sin 2B + \sin 2C)^2$$

$$\Leftrightarrow \sin^2 2A + \sin^2 2B + \sin^2 2C \geqslant \frac{16}{3} \sin^2 A \sin^2 B \sin^2 C$$

该已知恒等式可用计算证明

$$\begin{aligned} \sin 2A + \sin 2B &= 2\sin(A+B)\cos(A-B) \\ &= 2\sin(A+B)\big[\cos(A+B) + 2\sin A \sin B\big] \\ &= 2\sin C(-\cos C + 2\sin A \sin B) \\ &= -\sin 2C + 4\sin A \sin B \sin C \end{aligned}$$

现在我们来证明

$$\frac{16}{3}\sin^2 A \sin^2 B \sin^2 C \geqslant 2\sqrt{3}\sin 2A \sin 2B \sin 2C$$

显然,因为 $\sin A, \sin B, \sin C$ 为正,再由二倍角正弦公式,这一不等式是

$$\sin A \sin B \sin C \geqslant 3\sqrt{3}\cos A \cos B \cos C$$

同理左边恒正,但是对于钝角三角形右边为负,对于直角三角形右边为零,对于锐角三角形右边为正.于是只要证明对于锐角三角形有

$$\tan A \tan B \tan C \geqslant 3\sqrt{3}$$

定义 $S = \tan A + \tan B + \tan C$,由熟知的恒等式

$$\tan A + \tan B + \tan C = \tan A \tan B \tan C$$

这由入门题 47 的解答和 AM $-$ GM 不等式给出的

$$S \geqslant 3\sqrt[3]{S}$$

推得,它等价于 $S \geqslant 3\sqrt{3}$.

解法 2 对于非锐角三角形这一不等式显然成立(因为此时左边为正,右边至多是 0),所以我们可以假定 ABC 是锐角三角形,即 $A, B, C < \dfrac{\pi}{2}$,设

$$\alpha := \pi - 2A$$
$$\beta := \pi - 2B$$
$$\gamma := \pi - 2C$$

那么 $\alpha, \beta, \gamma > 0$,且 $\alpha + \beta + \gamma = \pi$. 所以存在一个角为 α, β, γ 的三角形. 设 a, b, c 分别是该三角形的相应的角的对边的长. 原不等式可等价地写成

$$\sin^2 \alpha + \sin^2 \beta + \sin^2 \gamma \geqslant 2\sqrt{3}\sin \alpha \sin \beta \sin \gamma \qquad (1)$$

将(1)的两边乘以 $4R^2$,回忆起推广的正弦定理给出

$$a = 2R\sin\alpha$$
$$b = 2R\sin\beta$$
$$c = 2R\sin\gamma$$

因此面积是

$$F = \frac{1}{2}ab\sin\gamma = 2R^2\sin\alpha\sin\beta\sin\gamma$$

我们看到式(1)变为

$$a^2 + b^2 + c^2 \geqslant 4\sqrt{3}\,F$$

这里最后一个不等式是 Weitzenböck 不等式. 为了完整起见,下面是 Weitzenböck 不等式的一个证明. 我们很容易将不等式

$$a^4 + b^4 + c^4 \geqslant a^2b^2 + b^2c^2 + c^2a^2$$

写成

$$(a^2 + b^2 + c^2)^2 \geqslant 3(2a^2b^2 + 2b^2c^2 + 2c^2a^2 - a^4 - b^4 - c^4) = 48F^2$$

这里我们使用了面积的 Heron 公式.

这是 Weitzenböck 不等式的另一种形式.

8. 设 $x_1, x_2, \cdots, x_n$ 是区间 $\left(0, \dfrac{\pi}{2}\right)$ 内的实数. 证明:

$$\frac{1}{n^2}\left(\frac{\tan x_1}{x_1} + \cdots + \frac{\tan x_n}{x_n}\right)^2 \leqslant \frac{\tan^2 x_1 + \cdots + \tan^2 x_n}{x_1^2 + \cdots + x_n^2}$$

解　首先注意到 $\dfrac{\tan x}{x}$ 在 $\left(0, \dfrac{\pi}{2}\right)$ 上递增. 事实上

$$\left(\frac{\tan x}{x}\right)' = \frac{x - \sin x\cos x}{x^2\cos^2 x} = \frac{(x - \sin x) + \sin x(1 - \cos x)}{x^2\cos^2 x} > 0$$

于是,因为 n 数组 $(x_1^2, \cdots, x_n^2)$ 和 $\left(\dfrac{\tan^2 x_1}{x_1^2}, \cdots, \dfrac{\tan^2 x_n}{x_n^2}\right)$ 的顺序相同,由 Chebyshev 不等式

$$\sum_{k=1}^{n}\tan^2 x_k = \sum_{k=1}^{n} x_k^2 \cdot \frac{\tan^2 x_k}{x_k^2}$$

$$\geqslant \sum_{k=1}^{n} x_k^2\left(\frac{1}{n}\sum_{k=1}^{n}\frac{\tan^2 x_k}{x_k^2}\right)$$

还有,由 AM - QM 不等式

$$\frac{1}{n}\sum_{k=1}^{n}\frac{\tan^2 x_k}{x_k^2} \geqslant \left(\frac{1}{n}\sum_{k=1}^{n}\frac{\tan x_k}{x_k}\right)^2$$

于是

$$\frac{\sum_{k=1}^{n} \tan^2 x_k}{\sum_{k=1}^{n} x_k^2} \geqslant \frac{\sum_{k=1}^{n} x_k^2 \left(\frac{1}{n} \sum_{k=1}^{n} \frac{\tan^2 x_k}{x_k^2}\right)}{\sum_{k=1}^{n} x_k^2} \geqslant \frac{1}{n^2} \left(\sum_{k=1}^{n} \frac{\tan x_k}{x_k}\right)^2$$

9. 计算: $\sum_{k=1}^{n} \operatorname{arccot}\left(\frac{k^3+k}{2}+\frac{1}{k}\right)$.

解 设 $0 < x < y < \frac{\pi}{2}$,那么

$$\cot(y-x) = \frac{\cos(y-x)}{\sin(y-x)}$$

$$= \frac{\cos y \cos x + \sin y \sin x}{\sin y \cos x - \cos y \sin x}$$

$$= \frac{\cot x \cot y + 1}{\cot x - \cot y}$$

设 $a := \cot x, b := \cot y$,那么 $a > b$,且

$$\operatorname{arccot} b - \operatorname{arccot} a = y - x$$

$$= \operatorname{arccot}\left(\frac{\cot y \cot x + 1}{\cot x - \cot y}\right)$$

$$= \operatorname{arccot}\left(\frac{ab+1}{a-b}\right)$$

特别地,如果我们设

$$a := k^2 + k + 1 = (k+1)^2 - (k+1) + 1$$

$$b := k^2 - k + 1$$

因此 $ab = k^4 + k^2 + 1$,所以

$$\operatorname{arccot}(k^2 - k + 1) - \operatorname{arccot}\left[(k+1)^2 - (k+1) + 1\right]$$

$$= \operatorname{arccot}\left(\frac{k^4 + k^2 + 2}{2k}\right)$$

$$= \operatorname{arccot}\left(\frac{k^3+k}{2} + \frac{1}{k}\right)$$

因此

$$\sum_{k=1}^{n} \operatorname{arccot}\left(\frac{k^3+k}{2} + \frac{1}{k}\right)$$

$$= \sum_{k=1}^{n} \operatorname{arccot}(k^2 - k + 1) - \sum_{k=1}^{n} \operatorname{arccot}\left[(k+1)^2 - (k+1) + 1\right]$$

$$= \operatorname{arccot} 1 - \operatorname{arccot}(n^2 + n + 1)$$

$$= \frac{\pi}{4} - \operatorname{arccot}(n^2 + n + 1)$$

10.设 n 是正整数.证明:

$$\prod_{k=1}^{n}\left(1+\tan^4\frac{k\pi}{2n+1}\right)$$

是正整数,且是两个完全平方数的和.

解　由 De Moivre 公式,我们有

$$\sin\left[(2n+1)\alpha\right]=\sin\alpha\cos^{2n}\alpha\sum_{u=0}^{n}\binom{2n+1}{2u+1}(-1)^u\tan^{2u}\alpha$$

$$=\sin\alpha\cos^{2n}\alpha\, p(\tan^2\alpha)$$

这里 $p(x)$ 是 n 次整系数多项式.

注意到当 $\alpha=\dfrac{k\pi}{2n+1}(k=1,2,\cdots,2n)$ 时,上面的等式的左边为零,于是当 $k=1,2,\cdots,$ $2n$ 时,$\tan^2\dfrac{k\pi}{2n+1}$ 是 $p(x)$ 的根.此外,当 $\tan\alpha$ 中的 k 换成 $2n+1-k$ 时,绝对值相等,符号相反.否则正切的值不同.$p(x)$ 恰有 n 个根,当 $k=1,2,\cdots,n$ 时,这 n 个根等于 $\tan^2\dfrac{k\pi}{2n+1}$ 的 n 个值.换言之,因为 $\tan^{2n}\alpha$ 的系数是 $(-1)^n$,所以我们可写成

$$p(x)=(-1)^n\prod_{k=1}^{n}\left(x-\tan^2\frac{k\pi}{2n+1}\right)$$

取 $p(\mathrm{i})$ 的模的平方,这里 i 是虚数单位,我们得到

$$|p(\mathrm{i})|^2=\prod_{k=1}^{n}\left|\mathrm{i}-\tan^2\frac{k\pi}{2n+1}\right|^2=\prod_{k=1}^{n}\left(1+\tan^4\frac{k\pi}{2n+1}\right)$$

但是 $p(x)$ 的系数为整数,所以 $p(\mathrm{i})=r+is$,r,s 是整数,于是

$$\prod_{k=1}^{n}\left(1+\tan^4\frac{k\pi}{2n+1}\right)=|p(\mathrm{i})|^2=r^2+s^2$$

推出结论.

11.证明在任何 $\triangle ABC$ 中,以下不等式成立

$$\frac{a^2}{\sin\frac{A}{2}}+\frac{b^2}{\sin\frac{B}{2}}+\frac{c^2}{\sin\frac{C}{2}}\geqslant\frac{8}{3}s^2$$

解　我们将用 Cauchy-Schwarz 不等式的 Engel 形式(或 Titu 引理)证明所求的不等式,并观察到

$$f(x)=\sin\frac{x}{2}$$

在区间 $(0,\pi)$ 中是凹函数.函数的凹凸性的分析准则是二阶导数为负.事实上,当 $0<x<\pi$ 时,有

$$f'(x) = \frac{1}{2}\cos\frac{x}{2}$$

和

$$f''(x) = -\frac{1}{4}\sin\frac{x}{2} < 0$$

于是,由 Jensen 不等式

$$\frac{a^2}{\sin\frac{A}{2}} + \frac{b^2}{\sin\frac{B}{2}} + \frac{c^2}{\sin\frac{C}{2}} \geq \frac{(a+b+c)^2}{\sin\frac{A}{2} + \sin\frac{B}{2} + \sin\frac{C}{2}}$$

$$\geq \frac{(a+b+c)^2}{3\sin\dfrac{\frac{A}{2}+\frac{B}{2}+\frac{C}{2}}{3}}$$

$$= \frac{(2s)^2}{3\sin\frac{\pi}{6}} = \frac{8}{3}s^2$$

当且仅当 $A = B = C$ 时,等式成立.

12. 证明在任何 $\triangle ABC$ 中,以下不等式成立:

$$\left(\frac{a}{b+c}\right)^2 + \left(\frac{b}{c+a}\right)^2 + \left(\frac{c}{a+b}\right)^2 + \frac{r}{2R} \geq 1$$

解　因为

$$\frac{a}{b+c} = \frac{\sin A}{\sin B + \sin C} = \frac{\sin\frac{A}{2}\cos\frac{A}{2}}{\sin\frac{B+C}{2}\cos\frac{B-C}{2}} = \frac{\sin\frac{A}{2}}{\cos\frac{B-C}{2}}$$

以及

$$\cos A + \cos B + \cos C = 1 + \frac{r}{R}$$

我们得到

$$\sum_{\text{cyc}}\left(\frac{a}{b+c}\right)^2 = \sum_{\text{cyc}}\frac{\sin^2\frac{A}{2}}{\cos^2\frac{B-C}{2}} \geq \sum_{\text{cyc}}\sin^2\frac{A}{2}$$

$$= \frac{1}{2}\sum_{\text{cyc}}(1 - \cos A) = \frac{1}{2}\left[3 - \left(1 + \frac{r}{R}\right)\right]$$

$$= 1 - \frac{r}{2R}$$

于是

$$\sum_{cyc}\left(\frac{a}{b+c}\right)^2+\frac{r}{2R}\geqslant 1-\frac{r}{2R}+\frac{r}{2R}=1$$

13. 证明在任何 $\triangle ABC$ 中,以下不等式成立:

$$\sin\frac{A}{2}+\sin\frac{B}{2}+\sin\frac{C}{2}\leqslant\sqrt{2+\frac{r}{2R}}$$

解　设 a,b,c 是 $\triangle ABC$ 的边.利用熟知的代换

$$a=y+z,\quad b=z+x,\quad c=x+y$$

我们有

$$\sin\frac{A}{2}=\sqrt{\frac{(s-b)(s-c)}{bc}}=\sqrt{\frac{yz}{(x+y)(x+z)}}$$

$$r=\sqrt{\frac{(s-a)(s-b)(s-c)}{s}}=\sqrt{\frac{xyz}{x+y+z}}$$

以及

$$R=\frac{abc}{4\sqrt{s(s-a)(s-b)(s-c)}}=\frac{(x+y)(y+z)(z+x)}{4\sqrt{xyz(x+y+z)}}$$

于是,原不等式变为

$$\sqrt{\frac{yz}{(x+y)(x+z)}}+\sqrt{\frac{zx}{(y+z)(y+x)}}+\sqrt{\frac{xy}{(z+x)(z+y)}}$$

$$\leqslant\sqrt{2+\frac{2xyz}{(x+y)(y+z)(z+x)}}$$

上述不等式可改写为

$$\sqrt{yz(y+z)}+\sqrt{zx(z+x)}+\sqrt{xy(x+y)}\leqslant\sqrt{2\left[(x+y)(y+z)(z+x)+xyz\right]}$$

再改写为

$$\sqrt{yz(y+z)}+\sqrt{zx(z+x)}+\sqrt{xy(x+y)}\leqslant\sqrt{2(x+y+z)(xy+yz+zx)}$$

这是由 Cauchy-Schwarz 不等式推出的.

当且仅当 $x=y=z$,即 $a=b=c$ 时,等式成立.

14. 设 a,b,c 是正实数,满足

$$a^2+b^2+c^2+abc=4$$

证明对一切实数 x,y,z,以下不等式成立:

$$ayz+bzx+cxy\leqslant x^2+y^2+z^2$$

解　由关系式

$$a^2+b^2+c^2+abc=4$$

我们推得存在锐角 $\triangle ABC$,有

$$a = 2\cos A, b = 2\cos B, c = 2\cos C$$

于是要证明的不等式变为

$$2yz\cos A + 2zx\cos B + 2xy\cos C \leqslant x^2 + y^2 + z^2$$

该不等式等价于

$$(z - y\cos A - x\cos B)^2 + (y\sin A - x\sin B)^2 \geqslant 0$$

这是显然的,证毕.

15. 证明:

$$\prod_{k=1}^{n}\left(1 - 4\sin\frac{\pi}{5^k}\sin\frac{3\pi}{5^k}\right) = -\sec\frac{\pi}{5^n}$$

解 由二倍角公式和积化和差公式得

$$\cos\frac{\pi}{5^k}\left(1 - 4\sin\frac{\pi}{5^k}\sin\frac{3\pi}{5^k}\right) = \cos\frac{\pi}{5^k} - 2\sin\frac{2\pi}{5^k}\sin\frac{3\pi}{5^k}$$

$$= \cos\frac{\pi}{5^k} + \cos\frac{\pi}{5^{k-1}} - \cos\frac{\pi}{5^k}$$

$$= \cos\frac{\pi}{5^{k-1}}$$

由缩减法

$$\prod_{k=1}^{n}\left(1 - 4\sin\frac{\pi}{5^k}\sin\frac{3\pi}{5^k}\right) = \prod_{k=1}^{n}\cos\frac{\pi}{5^{k-1}}\sec\frac{\pi}{5^k}$$

$$= \cos\frac{\pi}{5^0}\sec\frac{\pi}{5^n}$$

$$= -\sec\frac{\pi}{5^n}$$

16. 设 $\triangle ABC$ 是锐角三角形. 证明:

$$\frac{h_b h_c}{a^2} + \frac{h_c h_a}{b^2} + \frac{h_a h_b}{c^2} \leqslant 1 + \frac{r}{R} + \frac{1}{3}\left(1 + \frac{r}{R}\right)^2$$

解 首先注意到

$$h_b = a\sin C, \quad h_c = a\sin B$$

所以

$$\frac{h_b h_c}{a^2} = \sin B\sin C$$

$$= \cos B\cos C - \cos(B + C)$$

$$= \cos A + \cos B\cos C$$

将 A, B, C 循环排列后有类似的等式. 利用 Carnot 定理

$$\frac{R+r}{R}=\cos A+\cos B+\cos C$$

使我们能够以等价的形式重写原不等式

$$3(\cos A\cos B+\cos B\cos C+\cos C\cos A)\leqslant(\cos A+\cos B+\cos C)^2$$

由数量积不等式,这显然成立,当且仅当

$$\cos A=\cos B=\cos C$$

时,等式成立.即当且仅当 $\triangle ABC$ 是等边三角形时,等式成立.

17. 求一切实数 x,使数列 $\{\cos 2^n x\}_{n\geqslant 1}$ 收敛.

解 假定数列 $x_n=\cos 2^n x$ 收敛于极限 L.二倍角公式给出 $x_{n+1}=2x_n^2-1$,取极限给出 $L=2L^2-1$.于是 $L=1$ 或 $-\frac{1}{2}$.选择一个 N,对一切 $n>N$,有 $|x_n-L|<\frac{1}{4}$.如果 $n>N,x_n\neq L$,那么将上面的两个恒等式相减,我们得到

$$x_{n+1}-L=2x_n^2-1-(2L^2-1)=2(x_n-L)(x_n+L)$$

因为 $|2(x_n+L)|\geqslant 4|L|-2|x_n-L|\geqslant\frac{3}{2}$,我们看到 $x_{n+1}-L$ 又是非零,且 $|x_{n+1}-L|\geqslant\frac{3}{2}|x_n-L|$.但这是一个矛盾,因为这将迫使数列 x_n 远离 L,不收敛于 L.于是事实上,对一切足够大的 n 我们必有 $x_n=L$.

当 $L=1$ 时,我们必有 $x=\frac{k\pi}{2^m}$,这里 k 是整数,m 是非负整数.当 $L=-\frac{1}{2}$ 时,我们必有 $x=\frac{k\pi}{3\cdot 2^m}$,这里 k 是不能被 3 整除的整数,m 是非负整数.

18. 设 a 和 b 是实数.求表达式

$$\frac{(1-a)(1-b)(1-ab)}{(1+a^2)(1+b^2)}$$

的极值.

解 设 $a=\tan x,b=\tan y,x,y\in\left(-\frac{\pi}{2},\frac{\pi}{2}\right)$.

如果用 E 表示原表达式,那么原表达式变为

$$E=(\cos x-\sin x)(\cos y-\sin y)(\cos x\cos y-\sin x\sin y)$$

或等价的

$$E=2\cos(x+y)\sin\left(\frac{\pi}{4}-x\right)\sin\left(\frac{\pi}{4}-y\right)$$

我们来作代换 $\alpha=\frac{\pi}{4}-x,\beta=\frac{\pi}{4}-y$,那么

$$E = 2\sin(\alpha + \beta)\sin\alpha\sin\beta$$

由 Cauchy-Schwarz 不等式和 AM−GM 不等式,我们有

$$\begin{aligned}
E^2 &= 4\sin^2(\alpha + \beta)\sin^2\alpha\sin^2\beta \\
&= 4(\sin\alpha\cos\beta + \cos\alpha\sin\beta)^2\sin^2\alpha\sin^2\beta \\
&\leqslant 4(\sin^2\alpha + \sin^2\beta)(\cos^2\beta + \cos^2\alpha)\sin^2\alpha\sin^2\beta \\
&= \frac{16}{3}\sin^2\alpha\sin^2\beta\left(\frac{\sin^2\alpha + \sin^2\beta}{2}\right)\left(\frac{3\cos^2\alpha + 3\cos^2\beta}{2}\right) \\
&\leqslant \frac{16}{3}\left[\frac{\sin^2\alpha + \sin^2\beta + \dfrac{\sin^2\alpha + \sin^2\beta}{2} + \dfrac{3\cos^2\alpha + 3\cos^2\beta}{2}}{4}\right]^4 \\
&= \frac{27}{16}
\end{aligned}$$

所以

$$-\frac{3\sqrt{3}}{4} \leqslant E \leqslant \frac{3\sqrt{3}}{4}$$

当

$$\alpha = \beta = \frac{2\pi}{3}$$

$$\Leftrightarrow x = y = -\frac{5\pi}{12}$$

$$\Leftrightarrow a = b = -\frac{\sqrt{6} + \sqrt{2}}{\sqrt{6} - \sqrt{2}}$$

时,下界的等号成立,因此这是 E 的最小值. 当

$$\alpha = \beta = \frac{\pi}{3}$$

$$\Leftrightarrow x = y = -\frac{\pi}{12}$$

$$\Leftrightarrow a = b = -\frac{\sqrt{6} - \sqrt{2}}{\sqrt{6} + \sqrt{2}}$$

时,上界的等号成立,因此这是 E 的最大值.

19. 设 Δ 表示 $\triangle ABC$ 的面积. 证明:

$$a^2\tan\frac{A}{2} + b^2\tan\frac{B}{2} + c^2\tan\frac{C}{2} \geqslant 2\frac{R}{r}\Delta$$

解 因为

$$s = \frac{1}{2}(a + b + c), \Delta = rs, r^2 s = (s - a)(s - b)(s - c)$$

以及

$$\tan \frac{A}{2} = \frac{r}{s-a}$$

等等,上面的不等式变为

$$s[a^2 + b^2 + c^2 - 2(ab + bc + ca)] + 5abc \geqslant 2Rrs \tag{1}$$

因为

$$a^2 + b^2 + c^2 = 2(s^2 - r^2 - 4Rr)$$

$$ab + bc + ca = s^2 + r^2 + 4Rr$$

以及

$$abc = 4Rrs$$

式(1)变为

$$2(R - r) \geqslant R \tag{2}$$

但是式(2)等价于 Euler 不等式 $R \geqslant 2r$.

20. 设 a, b, c 是三角形的边长,S 为三角形的面积,R 和 r 分别是三角形的外接圆的半径和内切圆的半径. 证明:

$$\cot^2 A + \cot^2 B + \cot^2 C \geqslant \frac{1}{5}\left(31 - 52\frac{r}{R}\right)$$

解　因为

$$\cot^2 A = \frac{(b^2 + c^2 - a^2)^2}{16S^2}$$

我们看到

$$\cot^2 A + \cot^2 B + \cot^2 C = \frac{3(a^4 + b^4 + c^4) - 2(a^2b^2 + b^2c^2 + c^2a^2)}{16S^2}$$

因为 Heron 公式给出

$$2(a^2b^2 + b^2c^2 + c^2a^2) - (a^4 + b^4 + c^4) = 16S^2$$

以及 $S = sr$,所以不等式可改写为

$$\frac{(ab + bc + ca)^2 - 2abc(a + b + c)}{16s^2r^2} \geqslant \frac{23}{10} - \frac{13r}{5R}$$

因为 $ab + bc + ca = s^2 + r^2 + 4Rr$ 和 $abc = 4Rrs$,上式变为

$$\frac{s^4 + 2(r^2 + 4Rr)s^2 + (r^2 + 4Rr)^2 - 16Rrs^2}{16s^2r^2} \geqslant \frac{23}{10} - \frac{13r}{5R}$$

$$\frac{s^2}{16R^2} + \frac{R^2}{16s^2}\left(\frac{r^2}{R^2} + \frac{4r}{R}\right)^2 + \frac{r^2}{8R^2} - \frac{r}{2R} \geqslant \frac{23r^2}{10R^2} - \frac{13r^3}{5R^3}$$

因此,我们需要证明 $f\left(\dfrac{s^2}{R^2}\right) \geqslant 0$,其中

$$f(X) = \frac{X}{16} + \frac{1}{16X}\left(\frac{r^2}{R^2} + \frac{4r}{R}\right)^2 + \frac{r^2}{8R^2} - \frac{r}{2R} - \frac{23r^2}{10R^2} + \frac{13r^3}{5R^3}$$

因为

$$\frac{s^2}{R^2} \geqslant \frac{r^2}{R^2} + \frac{4r}{R}$$

我们推得 f 是增函数.

如果设 $x^2 = 1 - \frac{2r}{R} \in [0,1)$,那么由 Blundon 不等式

$$\frac{s^2}{R^2} \geqslant 2 + 5(1 - x^2) - \frac{(1 - x^2)^2}{4} - 2x^3 = \frac{(1 - x)(x + 3)^3}{4}$$

因此,只要证明

$$f\left(\frac{(1 - x)(x + 3)^3}{4}\right) \geqslant 0$$

即

$$\frac{(1 - x)(x + 3)^3}{64} + \frac{(1 - x^2)^2(9 - x^2)^2}{64(1 - x)(x + 3)^3} + \frac{(1 - x^2)^2}{32} - \frac{1 - x^2}{4} -$$

$$\frac{23(1 - x^2)^2}{40} + \frac{13(1 - x^2)^3}{40} \geqslant 0$$

进行一些计算后,我们可以将上式改写为

$$\frac{x^2(1 - x)[13x^4 + 52x^3 + (6x - 1)^2]}{40(x + 3)} \geqslant 0$$

这显然成立. 当且仅当 $x = 0$,所以该三角形为等边三角形时,等式成立.

21. 在 Rt$\triangle ABC$ 中,证明:

$$\frac{\cos A}{\sin^2 A} + \frac{\cos B}{\sin^2 B} + \frac{\cos C}{\sin^2 C} \geqslant \frac{7}{4}\left(\frac{R}{r} + \frac{r}{R}\right) - \frac{19}{8}$$

解法 1　我们将用著名的关系式

$$\cos A = \frac{b^2 + c^2 - a^2}{2bc}, a = 2R\sin A, abc = 4srR$$

(其中 $s = \frac{a + b + c}{2}$). 推出

$$\frac{\cos A}{\sin^2 A} = \frac{4R^2 \cos A}{4R^2 \sin^2 A} = \frac{4R^2}{a^2} \cdot \frac{b^2 + c^2 - a^2}{2bc}$$

$$= \frac{b^2 + c^2 - a^2}{a} \cdot \frac{R}{2sr}$$

$$= \left(\frac{b^2 + c^2 + a^2}{a} - 2a\right) \cdot \frac{R}{2sr}$$

于是不等式可写成

$$F := \frac{R}{2sr}\left[\frac{(a^2+b^2+c^2)(ab+bc+ca)}{abc}-4s\right]-$$

$$\frac{7}{4}\left(\frac{R}{r}+\frac{r}{R}\right)+\frac{19}{8}\geqslant 0 \tag{1}$$

设 $x=s-a, y=s-b, z=s-c$ 是 Ravi 坐标.

在 F 中我们用替换

$$a=y+z, \quad b=z+x, \quad c=x+y$$

$$\frac{r}{R}=\frac{4xyz}{(y+z)(z+x)(x+y)}$$

去分母后直接计算,我们得到 $F\geqslant 0$ 等价于 $G\geqslant 0$,其中

$$G=\sum_{\text{sym}}(4x^6y+5x^5y^2-9x^4y^3)+$$

$$\sum_{\text{sym}}(5x^5yz+15x^4y^2z+9x^3y^3z-29x^3y^2z^2)$$

利用 Muirhead 不等式给出 $G\geqslant 0$,我们证明了式(1).

解法 2　设 s 是 $\triangle ABC$ 的半周长,a,b,c 是边长.因为

$$\sin A=\frac{2rs}{bc}, \quad \cos A=\frac{b^2+c^2-a^2}{2bc}$$

我们有

$$\sum_{\text{cyc}}\frac{\cos A}{\sin^2 A}=\sum_{\text{cyc}}\frac{bc(b^2+c^2-a^2)}{8r^2s^2}$$

$$=\frac{a^3b+a^3c+b^3c+b^3a+c^3a+c^3b-abc(a+b+c)}{8r^2s^2}$$

$$=\frac{(a+b+c)^2(ab+bc+ca)-2(ab+bc+ca)^2-2abc(a+b+c)}{8r^2s^2}$$

因为

$$a+b+c=2s, \quad ab+bc+ca=s^2+r^2+4rR, \quad abc=4rsR$$

我们得到

$$\sum_{\text{cyc}}\frac{\cos A}{\sin^2 A}=\frac{s^4-8rRs^2-r^2(r+4R)^2}{4r^2s^2}$$

这是 s 的增函数,所以只要证明可用 s^2 的任何下界替代关于 s^2 的原不等式.利用 Gerretsen 的下界 $s^2\geqslant 16rR-5r^2$,我们看到只要证明

$$\frac{2(14R^2-16rR+3r^2)}{r(16R-5r)}\geqslant\frac{7}{4}\left(\frac{R}{r}+\frac{r}{R}\right)-\frac{19}{8}$$

分解因式为

$$\frac{(118R-35r)(R-2r)}{8R(16R-5r)}\geqslant 0$$

最后一个不等式可直接由 Euler 不等式推得.

22. 设 a,b,c 是 $\triangle ABC$ 的边长. 证明:

$$(a^2 - bc)\cos\frac{B-C}{2} + (b^2 - ca)\cos\frac{C-A}{2} + (c^2 - ab)\cos\frac{A-B}{2} \geqslant 0$$

解 因为

$$\cos\frac{B-C}{2} = \frac{b+c}{a}\sin\frac{A}{2}$$

所以不等式变为

$$\sum_{\text{cyc}}\left[a^2(b+c) - bc(b+c)\right]\frac{\sin\dfrac{A}{2}}{a} \geqslant 0 \tag{1}$$

不失一般性,假定 $a \geqslant b \geqslant c$,这表明 $A \geqslant B \geqslant C$. 此时,我们有

$$\frac{1}{\cos\dfrac{A}{2}} \geqslant \frac{1}{\cos\dfrac{B}{2}} \geqslant \frac{1}{\cos\dfrac{C}{2}}$$

于是

$$\frac{\sin\dfrac{A}{2}}{a} \geqslant \frac{\sin\dfrac{B}{2}}{b} \geqslant \frac{\sin\dfrac{C}{2}}{c}$$

我们也有

$$a^2(b+c) \geqslant b^2(c+a) \geqslant c^2(a+b)$$

和

$$-bc(b+c) \geqslant -ac(a+c) \geqslant -ab(a+b)$$

所以

$$a^2(b+c) - bc(b+c) \geqslant b^2(c+a) - ac(a+c) \geqslant c^2(a+b) - ab(a+b)$$

这些已经证明了,利用 Chebyshev 不等式,我们得到

$$3\sum_{\text{cyc}}\left[a^2(b+c) - bc(b+c)\right]\frac{\sin\dfrac{A}{2}}{a} \geqslant \sum_{\text{cyc}}\left[a^2(b+c) - bc(b+c)\right]\sum_{\text{cyc}}\frac{\sin\dfrac{A}{2}}{a}$$

$$= 0 \cdot \sum_{\text{cyc}}\frac{\sin\dfrac{A}{2}}{a} = 0$$

这就是要证明的.

注 在 http://artofproblemsolving.com.community/c6h1142667p5374755AoPS 上,我们有以下不等式:

设 S 是边长为 a,b,c 的 $\triangle ABC$ 的面积. 证明

$$ab\cos\frac{A-B}{2}+bc\cos\frac{B-C}{2}+ca\cos\frac{C-A}{2}\geqslant 4\sqrt{3}\,S$$

将这一不等式与上面的问题相结合,我们推得

$$c^2\cos\frac{A-B}{2}+a^2\cos\frac{B-C}{2}+b^2\cos\frac{C-A}{2}\geqslant 4\sqrt{3}\,S$$

这是数学反思 5/2020 的问题 S530 的等价形式.

23. 在 $\triangle ABC$ 中,证明:

$$\frac{a^2}{1+\cos^2 B+\cos^2 C}+\frac{b^2}{1+\cos^2 C+\cos^2 A}+\frac{c^2}{1+\cos^2 A+\cos^2 B}$$

$$\leqslant \frac{2}{3}(a^2+b^2+c^2)$$

解 观察

$$\frac{a^2}{1+\cos^2 B+\cos^2 C}=\frac{a^2}{1+\left(\dfrac{c^2+a^2-b^2}{2ca}\right)^2+\left(\dfrac{a^2+b^2-c^2}{2ab}\right)^2}$$

$$\leqslant \frac{a^2}{1+\dfrac{(c^2+a^2-b^2+a^2+b^2-c^2)^2}{4c^2a^2+4a^2b^2}}$$

$$=\frac{a^2}{1+\dfrac{a^2}{b^2+c^2}}$$

$$=\frac{(ab)^2+(ac)^2}{a^2+b^2+c^2}$$

将这一不等式与另两个类似的循环不等式相加,我们得到

$$左边\leqslant \frac{2[(ab)^2+(bc)^2+(ca)^2]}{a^2+b^2+c^2}$$

$$=\frac{2}{a^2+b^2+c^2}[(ab)^2+(bc)^2+(ca)^2]$$

$$\leqslant \frac{2}{a^2+b^2+c^2}\cdot \frac{(a^2+b^2+c^2)^2}{3}$$

$$=\frac{2}{3}(a^2+b^2+c^2)$$

24. 设 x,y,z 是正实数. 在 ABC 中,证明:

$$4+\frac{r}{R}+\frac{x}{y+z}(1+\cos A)+\frac{y}{z+x}(1+\cos B)+\frac{z}{x+y}(1+\cos C)$$

$$\geqslant (\sin A+\sin B+\sin C)^2$$

解 利用熟知的恒等式

$$\cos A + \cos B + \cos C = 1 + \frac{r}{R}$$

以及 Cauchy-Schwarz 不等式,我们有

$$
\begin{aligned}
4 + \frac{r}{R} + \sum_{cyc} \frac{x}{y+z}(1 + \cos A) &= \sum_{cyc}(1 + \cos A) + \sum_{cyc} \frac{x}{y+z}(1 + \cos A) \\
&= \sum_{cyc}\left(1 + \frac{x}{y+z}\right)(1 + \cos A) \\
&= 2(x+y+z)\sum_{cyc} \frac{\cos^2 \frac{A}{2}}{y+z} \\
&\geqslant 2(x+y+z)\frac{\left(\cos \frac{A}{2} + \cos \frac{B}{2} + \cos \frac{C}{2}\right)^2}{(y+z)+(z+x)+(x+y)} \\
&\geqslant \left(\cos \frac{A}{2} + \cos \frac{B}{2} + \cos \frac{C}{2}\right)^2 \\
&\geqslant (\sin A + \sin B + \sin C)^2
\end{aligned}
$$

最后一个不等式成立是因为

$$
\begin{aligned}
\sum_{cyc}\cos \frac{A}{2} &= \sum_{cyc}\sin \frac{B+C}{2} \\
&\geqslant \sum_{cyc}\sin \frac{B+C}{2}\cos \frac{B-C}{2} \\
&= \sum_{cyc} \frac{1}{2}(\sin B + \sin C) \\
&= \sin A + \sin B + \sin C
\end{aligned}
$$

推出结论.

25. 证明在任何 $\triangle ABC$ 中,以下不等式成立:

$$\frac{\sin A}{1 + \cos^2 B + \cos^2 C} + \frac{\sin B}{1 + \cos^2 C + \cos^2 A} + \frac{\sin C}{1 + \cos^2 A + \cos^2 B} \leqslant \sqrt{3}$$

解   我们必须证明

$$\sum_{cyc} \frac{\sin A}{\sin^2 A + \cos^2 A + \cos^2 B + \cos^2 C} \leqslant \sqrt{3} \tag{1}$$

但是在任何 $\triangle ABC$ 中我们有

$$\cos^2 A + \cos^2 B + \cos^2 C \geqslant \frac{3}{4}$$

(见下面) 所以

$$\sin^2 A + \cos^2 A + \cos^2 B + \cos^2 C \geqslant \frac{3}{4} + \sin^2 A$$

因此

$$\frac{\sin A}{\sin^2 A + \cos^2 A + \cos^2 B + \cos^2 C} \leqslant \frac{\sin A}{\dfrac{3}{4} + \sin^2 A} \tag{2}$$

由式(1)和式(2)只要证明

$$\sum_{\text{cyc}} \frac{\sin A}{\sin^2 A + \dfrac{3}{4}} \leqslant \sqrt{3} \tag{3}$$

$$A \in (0, \pi) \Rightarrow \sin A > 0$$

$$\Rightarrow \sin^2 A + \frac{3}{4} \geqslant 2\sqrt{\frac{3}{4}\sin^2 A}$$

$$\Rightarrow \sin^2 A + \frac{3}{4} \geqslant \sqrt{3}\sin A$$

$$\frac{1}{\sin^2 A + \dfrac{3}{4}} \leqslant \frac{1}{\sqrt{3}\sin A}$$

$$\Rightarrow \frac{\sin A}{\sin^2 A + \dfrac{3}{4}} \leqslant \frac{1}{\sqrt{3}}$$

$$\sum_{\text{cyc}} \frac{\sin A}{\sin^2 A + \dfrac{3}{4}} \leqslant \sqrt{3}$$

于是式(3)成立.

观察因为我们可以计算

$$\cos^2 A + \cos^2 B + \cos^2 C = 1 + \frac{s^2 - (4R^2 + 4Rr + r^2)}{2R^2}$$

以及 Gerretsen 不等式给出

$$s^2 - 4R^2 - 4Rr - r^2 \leqslant 2r^2$$

推出

$$\cos^2 A + \cos^2 B + \cos^2 C \geqslant 1 - \frac{r^2}{R^2} \overset{\text{Euler不等式}}{\geqslant} \frac{3}{4}$$

另外,这可由恒等式

$$\cos^2 A + \cos^2 B + \cos^2 C + 2\cos A\cos B\cos C = 1$$

推出,如果 $\triangle ABC$ 是锐角三角形结论并不直接推出,将 Jensen 不等式用于

$$f(x) = \log \cos x$$

(于是 $f'(x) = -\tan x$ 和 $f''(x) = -\sec^2 x < 0$) 证明

$$\cos A \cos B \cos C \leqslant \cos^3 \frac{\pi}{3} = \frac{1}{8}$$

26. 证明：$(\sin x + a\cos x)(\sin x + b\cos x) \leqslant 1 + \left(\frac{a+b}{2}\right)^2$.

解 如果 $\cos x = 0$，那么要证明的不等式归结为

$$\sin^2 x \leqslant 1 + \left(\frac{a+b}{2}\right)^2$$

这显然成立. 现在假定 $\cos x \neq 0$，要证明的不等式的两边都除以 $\cos^2 x$，给出

$$(\tan x + a)(\tan x + b) \leqslant \left[1 + \left(\frac{a+b}{2}\right)^2\right]\sec^2 x$$

设 $t = \tan x$，那么 $\sec^2 x = 1 + t^2$. 上面的不等式归结为

$$t^2 + (a+b)t + ab \leqslant \left(\frac{a+b}{2}\right)^2 t^2 + t^2 + \left(\frac{a+b}{2}\right)^2 + 1$$

或

$$\left(\frac{a+b}{2}\right)^2 t^2 - (a+b)t + 1 + \left(\frac{a+b}{2}\right)^2 - ab \geqslant 0$$

最后一个不等式等价于

$$\left[\frac{(a+b)t}{2} - 1\right]^2 + \left(\frac{a-b}{2}\right)^2 \geqslant 0$$

这显然成立.

27. 在 △ABC 中，∠BAC = 40°，∠ABC = 60°. 设 D 和 E 分别是位于边 AC 和 AB 上的点，且 ∠CBD = 40° 和 ∠BCE = 70°，线段 BD 和 CE 相交于 F.

证明：$AF \perp BC$.

解 如图 5.2，注意到 ∠ABD = 20°，∠BCA = 80° 和 ∠ACE = 10°，过点 A 作 BC 的垂线，垂足为 G，那么

$$\angle BAG = 90° - \angle ABC = 30°$$

和

$$\angle CAG = 90° - \angle BCA = 10°$$

现在

$$\frac{\sin \angle BAG \sin \angle ACE \sin \angle CBD}{\sin \angle CAG \sin \angle BCE \sin \angle ABD} = \frac{\sin 30° \sin 10° \sin 40°}{\sin 10° \sin 70° \sin 40°}$$

$$= \frac{\frac{1}{2}(\sin 10°)(2\sin 20° \cos 20°)}{\sin 10° \cos 20° \sin 20°}$$

$$= 1$$

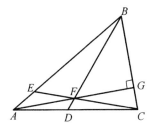

图 5.2

由 Ceva 定理的三角形式,直线 AG , BD 和 CE 共点. 于是, F 在 AG 上,所以直线 AF 垂直于直线 BC. 这就是要证明的.

28. $\triangle ABC$ 有以下性质:存在一个内点 P ,使 $\angle PAB = 10°$, $\angle PBA = 20°$, $\angle PCA = 30°$, $\angle PAC = 40°$. 证明 $\triangle ABC$ 是等腰三角形.

解　考虑图 5.3 情形,图中所有的角的值都用角度数表示.

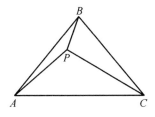

图 5.3

设 $x = \angle PCB$ (角度数). 那么 $\angle PBC = 80° - x$. 由正弦定理或 Ceva 定理得

$$1 = \frac{PA}{PB} \cdot \frac{PB}{PC} \cdot \frac{PC}{PA}$$

$$= \frac{\sin \angle PBA}{\sin \angle PAB} \cdot \frac{\sin \angle PCB}{\sin \angle PBC} \cdot \frac{\sin \angle PAC}{\sin \angle PCA}$$

$$= \frac{\sin 20° \sin x \sin 40°}{\sin 10° \sin(80° - x) \sin 30°}$$

$$= \frac{4 \sin x \sin 40° \cos 10°}{\sin(80° - x)}$$

由积化和差公式得到

$$1 = \frac{2 \sin x (\sin 30° + \sin 50°)}{\sin(80° - x)} = \frac{\sin x (1 + 2 \cos 40°)}{\sin(80° - x)}$$

所以由和差化积公式

$$2 \sin x \cos 40° = \sin(80° - x) - \sin x$$

$$= 2 \sin(40° - x) \cos 40°$$

我们推得

$$x = 40° - x \text{ 或 } x = 20°$$

推出 $\angle ACB = 50° = \angle BAC$，所以 $\triangle ABC$ 是等腰三角形.

29. 设 a 和 b 是正实数. 证明:

(a) 如果 $0 < a, b \leqslant 1$，那么

$$\frac{1}{\sqrt{1+a^2}} + \frac{1}{\sqrt{1+b^2}} \leqslant \frac{2}{\sqrt{1+ab}}$$

(b) 如果 $ab \geqslant 3$，那么

$$\frac{1}{\sqrt{1+a^2}} + \frac{1}{\sqrt{1+b^2}} \geqslant \frac{2}{\sqrt{1+ab}}$$

注 部分 (a) 出现在 2001 年俄罗斯数学奥林匹克竞赛试题中.

解 因为 a 和 b 是正实数，所以存在角 x 和 y, $0° < x, y < 90°$，使

$$\tan x = a, \quad \tan y = b$$

那么

$$1 + a^2 = \sec^2 x$$

和

$$\frac{1}{\sqrt{1+a^2}} = \cos x$$

注意到由加减法公式得到

$$1 + ab = \frac{\cos x \cos y + \sin x \sin y}{\cos x \cos y} = \frac{\cos(x-y)}{\cos x \cos y}$$

于是要证明的不等式归结为

$$\cos x + \cos y \leqslant 2\sqrt{\frac{\cos x \cos y}{\cos(x-y)}} \qquad (*)$$

为了确立部分 (a)，我们将式 (*) 重新写成

$$\cos^2 x + \cos^2 y + 2\cos x \cos y \leqslant \frac{4\cos x \cos y}{\cos(x-y)}$$

因为 $0° \leqslant |x-y| \leqslant 90°$，推出 $0 < \cos(x-y) \leqslant 1$，因此

$$2\cos x \cos y \leqslant \frac{2\cos x \cos y}{\cos(x-y)}$$

只要证明

$$\cos(x-y)(\cos^2 x + \cos^2 y) \leqslant 2\cos x \cos y$$

由二倍角公式，可得上式等价于

$$\cos(x-y)(\cos 2x + \cos 2y + 2) \leqslant 4\cos x \cos y$$

由和差化积公式，最后一个不等式等价于

$$\cos(x-y)[2\cos(x-y)\cos(x+y)+2] \leqslant 2[\cos(x-y)+\cos(x+y)]$$

或者等价于

$$\cos^2(x-y)\cos(x+y) \leqslant \cos(x+y)$$

这显然成立,因为 $0 < a,b \leqslant 1$,我们有 $0° < x,y < 45°$. 所以 $0° < x+y \leqslant 90°$,$\cos(x+y) > 0$. 这就完成了部分(a)的证明.

为了证明部分(b),我们像(a)中那样寻找要证明的不等式等价于不等式(*)的相反的情况. 由和差化积公式和积化和差公式,我们重新写成

$$2\cos\frac{x+y}{2}\cos\frac{x-y}{2} \geqslant 2\sqrt{\frac{\frac{1}{2}[\cos(x+y)+\cos(x-y)]}{\cos(x-y)}}$$

将不等式的两边平方,去分母后给出

$$4\cos^2\frac{x+y}{2}\cos^2\frac{x-y}{2}\cos(x-y) \geqslant 2[\cos(x+y)+\cos(x-y)]$$

或由二倍角公式得到等价的

$$[1+\cos(x+y)][1+\cos(x-y)]\cos(x-y) \geqslant 2[\cos(x+y)+\cos(x-y)]$$

设 $s=\cos(x+y)$,$t=\cos(x-y)$,只要证明

$$(1+s)(1+t)t \geqslant 2(s+t)$$

或者

$$0 \leqslant (1+s)t^2+(s-1)t-2s = (t-1)[(1+s)t+2s]$$

因为 $t \leqslant 1$,只要证明

$$(1+s)t+2s \leqslant 0$$

因为 $ab \geqslant 3$,所以

$$\tan x\tan y \geqslant 3$$

等价的

$$\sin x\sin y \geqslant 3\cos x\cos y$$

由积化和差公式,我们有

$$\frac{1}{2}[\cos(x-y)-\cos(x+y)] \geqslant \frac{3}{2}[\cos(x-y)+\cos(x+y)]$$

因此 $t \leqslant -2s$. 因为 $1+s \geqslant 0$,所以

$$(1+s)t \leqslant -(1+s)2s$$

于是

$$(1+s)t+2s \leqslant -(1+s)2s+2s = -2s^2 \leqslant 0$$

这就是要证明的.

30. 设 a,b,c 是区间 $\left(0,\dfrac{\pi}{2}\right)$ 内的实数. 证明:

$$\frac{\sin a\sin(a-b)\sin(a-c)}{\sin(b+c)}+\frac{\sin b\sin(b-c)\sin(b-a)}{\sin(c+a)}+$$

$$\frac{\sin c\sin(c-a)\sin(c-b)}{\sin(a+b)}\geqslant 0$$

解　由积化和差公式和二倍角公式,我们有

$$\sin(\alpha-\beta)\sin(\alpha+\beta)=\frac{1}{2}(\cos 2\beta-\cos 2\alpha)$$

$$=\sin^2\alpha-\sin^2\beta$$

因此我们得到

$$\sin a\sin(a-b)\sin(a-c)\sin(a+b)\sin(a+c)$$

$$=\sin a(\sin^2 a-\sin^2 b)(\sin^2 a-\sin^2 c)$$

以及它的类似的循环对称式. 于是,只要证明

$$x(x^2-y^2)(x^2-z^2)+y(y^2-z^2)(y^2-x^2)+z(z^2-x^2)(z^2-y^2)\geqslant 0$$

这里 $x=\sin a, y=\sin b, z=\sin c$(因此 $x,y,z>0$). 因为最后一个不等式关于 x,y,z 对称,所以我们可以假定 $0<x\leqslant y\leqslant z$. 只要证明

$$x(y^2-x^2)(z^2-x^2)+z(z^2-x^2)(z^2-y^2)\geqslant y(z^2-y^2)(y^2-x^2)$$

这是明显的,因为

$$x(y^2-x^2)(z^2-x^2)\geqslant 0$$

以及

$$z(z^2-x^2)(z^2-y^2)\geqslant z(y^2-x^2)(z^2-y^2)\geqslant y(z^2-y^2)(y^2-x^2)$$

注　证明的关键步骤是 $r=\dfrac{1}{2}$ 的 Schur 不等式的一个例子.

31. 设 $\triangle ABC$ 是锐角三角形. 证明:

$$\left(\frac{\cos A}{\cos B}\right)^2+\left(\frac{\cos B}{\cos C}\right)^2+\left(\frac{\cos C}{\cos A}\right)^2+8\cos A\cos B\cos C\geqslant 4$$

注　改写用 $\cos^2 A,\cos^2 B,\cos^2 C$ 表示的上述不等式较为容易. 在任何 $\triangle ABC$ 中,我们有

$$\cos^2 A+\cos^2 B+\cos^2 C+2\cos A\cos B\cos C=1$$

因此

$$4-8\cos A\cos B\cos C=4(\cos^2 A+\cos^2 B+\cos^2 C)$$

只要证明

$$\left(\frac{\cos A}{\cos B}\right)^2+\left(\frac{\cos B}{\cos C}\right)^2+\left(\frac{\cos C}{\cos A}\right)^2\geqslant 4(\cos^2 A+\cos^2 B+\cos^2 C)\qquad(*)$$

我们展示 3 种解法.

解法 1　用加权的算术－几何平均不等式，根据 $\cos A \cos B \cos C \leqslant \dfrac{1}{8}$ 这一事实，我们有

$$2\left(\frac{\cos A}{\cos B}\right)^2 + \left(\frac{\cos B}{\cos C}\right)^2 \geqslant 3\sqrt[3]{\frac{\cos^4 A}{\cos^2 B \cos^2 C}}$$

$$= \frac{3\cos^2 A}{\sqrt[3]{\cos^2 A \cos^2 B \cos^2 C}}$$

$$\geqslant 12\cos^2 A$$

将上述不等式与两个类似的不等式相加，再将得到的不等式的两边除以 3，我们就得到不等式(∗).

解法 2　在 Barrow 不等式

$$x^2 + y^2 + z^2 \geqslant 2yz\cos A + 2zx\cos B + 2xy\cos C$$

中，设

$$x = \frac{\cos B}{\cos C}, \quad y = \frac{\cos C}{\cos A}, \quad z = \frac{\cos A}{\cos B}$$

我们有

$$\left(\frac{\cos A}{\cos B}\right)^2 + \left(\frac{\cos B}{\cos C}\right)^2 + \left(\frac{\cos C}{\cos A}\right)^2$$

$$= x^2 + y^2 + z^2$$

$$\geqslant 2(yz\cos A + zx\cos B + xy\cos C)$$

$$= 2\left(\frac{\cos C\cos A}{\cos B} + \frac{\cos A\cos B}{\cos C} + \frac{\cos B\cos C}{\cos A}\right)$$

但是在 Barrow 不等式中，再设

$$x = \sqrt{\frac{\cos B\cos C}{\cos A}}, \quad y = \sqrt{\frac{\cos A\cos B}{\cos C}}, \quad z = \sqrt{\frac{\cos C\cos A}{\cos B}}$$

我们发现

$$2\left(\frac{\cos C\cos A}{\cos B} + \frac{\cos A\cos B}{\cos C} + \frac{\cos B\cos C}{\cos A}\right)$$

$$= 2(x^2 + y^2 + z^2)$$

$$\geqslant 4(yz\cos A + zx\cos B + xy\cos C)$$

$$= 4(\cos^2 A + \cos^2 B + \cos^2 C)$$

注意到

$$yz\cos A = \cos A\sqrt{\frac{\cos A\cos B}{\cos C} \cdot \frac{\cos C\cos A}{\cos B}} = \cos^2 A$$

以及对于 $zx\cos B$ 和 $xy\cos C$ 的其他两个类似的形式.

解法 3 结果由以下引理推得.

引理 5.2 对于正实数 a,b,c,如果 $abc \leqslant 1$,那么

$$\frac{a}{b} + \frac{b}{c} + \frac{c}{a} \geqslant a + b + c$$

证明 用 ta,tb,tc 代替 a,b,c,其中 $t = \dfrac{1}{\sqrt[3]{abc}}$. 原不等式的左边不变,右边的值增加,结果得到等式

$$at\,bt\,ct = abct^3 = 1$$

因此我们可以假定不失一般性,设 $abc = 1$. 于是存在正实数 x,y,z,使

$$a = \frac{x}{y}, \quad b = \frac{z}{x}, \quad c = \frac{y}{z}$$

整理不等式,得到

$$x^3 + y^3 + z^3 \geqslant x^2 z + y^2 x + z^2 y$$

于是

$$\begin{aligned}
\frac{a}{b} + \frac{b}{c} + \frac{c}{a} &= \frac{x^2}{yz} + \frac{y^2}{zx} + \frac{z^2}{xy} \\
&= \frac{x^3 + y^3 + z^3}{xyz} \\
&\geqslant \frac{x^2 z + y^2 x + z^2 y}{xyz} \\
&= \frac{x}{y} + \frac{y}{z} + \frac{z}{x} \\
&= a + b + c
\end{aligned}$$

这就是要求的.

现在我们证明主要的结果. 注意到

$$(4\cos^2 A)(4\cos^2 B)(4\cos^2 C) = (8\cos A\cos B\cos C)^2 \leqslant 1$$

这是因为 $\cos A\cos B\cos C \leqslant \dfrac{1}{8}$,所以上式成立. 在引理中设

$$a = 4\cos^2 A, \quad b = 4\cos^2 B, \quad c = 4\cos^2 C$$

得到

$$\begin{aligned}
\left(\frac{\cos A}{\cos B}\right)^2 + \left(\frac{\cos B}{\cos C}\right)^2 + \left(\frac{\cos C}{\cos A}\right)^2 &= \frac{a}{b} + \frac{b}{c} + \frac{c}{a} \geqslant a + b + c \\
&= 4(\cos^2 A + \cos^2 B + \cos^2 C)
\end{aligned}$$

不等式(*)成立.

32. 求一切正实数 x,y,z,满足

$$(x+1)(y+1) \leqslant (z+1)^2$$

$$\left(\frac{1}{x}+1\right)\left(\frac{1}{y}+1\right) \leqslant \left(\frac{1}{z}+1\right)^2$$

解　考虑以下替换 $(x,y)=(\tan^2\alpha,\tan^2\beta)$,其中 $\alpha,\beta \in \left(0,\frac{\pi}{2}\right)$,那么

$$\frac{1}{\cos^2\alpha\cos^2\beta} \leqslant (z+1)^2$$

$$\frac{1}{\sin^2\alpha\sin^2\beta} \leqslant \left(\frac{1}{z}+1\right)^2$$

因此

$$z \geqslant \frac{1}{\cos\alpha\cos\beta}-1, \quad \frac{1}{z} \geqslant \frac{1}{\sin\alpha\sin\beta}-1$$

将这两个不等式相乘,得到

$$1 \geqslant \left(\frac{1}{\cos\alpha\cos\beta}-1\right)\left(\frac{1}{\sin\alpha\sin\beta}-1\right)$$

因此

$$\frac{1}{\cos\alpha\cos\beta}+\frac{1}{\sin\alpha\sin\beta} \geqslant \frac{1}{\sin\alpha\sin\beta\cos\alpha\cos\beta}$$

即

$$\cos(\alpha-\beta) \geqslant 1$$

因此,$\alpha=\beta$,于是 $x=y$,因此 $(x+1)^2 \leqslant (z+1)^2$ 和 $\left(\frac{1}{x}+1\right)^2 \leqslant \left(\frac{1}{z}+1\right)^2$,那么 $x \leqslant z$,$z \leqslant x$,得到 $x=z$. 所以 $x=y=z$.

33. 设 α,β,γ 是三角形的内角,其对边分别是 a,b,c. 证明:

$$2(\cos^2\alpha+\cos^2\beta+\cos^2\gamma) \geqslant \frac{a^2}{b^2+c^2}+\frac{b^2}{a^2+c^2}+\frac{c^2}{a^2+b^2}$$

解　注意到由正弦定理,右边等于

$$\frac{\sin^2\alpha}{\sin^2\beta+\sin^2\gamma}+\frac{\sin^2\beta}{\sin^2\alpha+\sin^2\gamma}+\frac{\sin^2\gamma}{\sin^2\beta+\sin^2\alpha}$$

由 Cauchy-Schwarz 不等式得出

$$\begin{aligned}
\sin^2\alpha &= \sin^2(\beta+\gamma) \\
&= (\sin\beta\cos\gamma+\cos\beta\sin\gamma)^2 \\
&\leqslant (\sin^2\beta+\sin^2\gamma)(\cos^2\beta+\cos^2\gamma)
\end{aligned}$$

即

$$\frac{\sin^2\alpha}{\sin^2\beta + \sin^2\gamma} \leqslant \cos^2\beta + \cos^2\gamma$$

将这 3 个不等式相加,得到结果.

34. 设 $\triangle ABC$ 满足

$$\left(\cot\frac{A}{2}\right)^2 + \left(2\cot\frac{B}{2}\right)^2 + \left(3\cot\frac{C}{2}\right)^2 = \left(\frac{6s}{7r}\right)^2$$

其中 s 和 r 分别表示半周长和内切圆的半径. 证明:$\triangle ABC$ 相似于边长是没有大于 1 的公约数的正整数的三角形 T,并确定这些整数.

解 设

$$u = \cot\frac{A}{2}, \quad v = \cot\frac{B}{2}, \quad w = \cot\frac{C}{2}$$

如图 5.4 所示,用 I 表示 $\triangle ABC$ 的内心,设 D,E,F 分别是内切圆与边 BC,CA,AB 的切点.

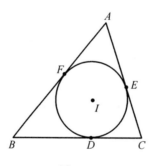

图 5.4

那么 $EI = r$,由标准的公式,$AE = s - a$. 我们有

$$u = \cot\frac{A}{2} = \frac{AE}{EI} = \frac{s-a}{r}$$

类似地有

$$v = \frac{s-b}{r}, \quad w = \frac{s-c}{r}$$

因为

$$\frac{s}{r} = \frac{(s-a)+(s-b)+(s-c)}{r} = u + v + w$$

我们可以将原关系式写成

$$49(u^2 + 4v^2 + 9w^2) = 36(u+v+w)^2$$

将上式展开后再消去同类项,我们得到

$$13u^2 + 160v^2 + 405w^2 - 72(uv + vw + wu) = 0$$

即

$$(3u-12v)^2 + (4v-9w)^2 + (18w-2u)^2 = 0$$

乘以 r 以后,我们看到

$$\frac{s-a}{36} = \frac{s-b}{9} = \frac{s-c}{4}$$

$$= \frac{2s-b-c}{9+4} = \frac{2s-c-a}{4+36}$$

$$= \frac{2s-a-b}{36+9}$$

$$= \frac{a}{13} = \frac{b}{40} = \frac{c}{45}$$

也就是说,$\triangle ABC$ 相似于边长是 $13,40,45$ 的三角形.

35.设 $\triangle ABC$ 是 $\angle A$ 为直角的直角三角形.设 A' 是斜边的中点.设 M 是高 AD 的中点,$D \in BC$,$\{P\} = BM \cap AA'$.如果 $\alpha = \angle PCB$,证明:$\tan \alpha = \sin C\cos C$.

解　在 $\triangle AA'D$ 中,B,M,P 共线,由 Menelaus 定理,我们有

$$\frac{BA'}{BD} \cdot \frac{MD}{MA} \cdot \frac{PA}{PA'} = 1$$

它等价于

$$\frac{PA}{PA'} = \frac{BD}{BA'} = \frac{2BD}{BC} = \frac{2BD \cdot BC}{BC^2} = \frac{2AB^2}{BC^2} = 2\sin^2 C \qquad (*)$$

这里我们用了 $\triangle ABC$ 和 $\triangle DBA$ 相似这一事实.在 $\triangle PCA'$ 和 $\triangle PCA$ 中用正弦定理,我们有

$$\frac{PA'}{\sin \alpha} = \frac{PC}{\sin 2B}, \qquad \frac{PA}{\sin(C-\alpha)} = \frac{PC}{\sin C}$$

由上面两个等式推出

$$\frac{PA}{PA'} = \frac{\sin(C-\alpha)}{\sin \alpha} \cdot \frac{\sin 2B}{\sin C} = \frac{\sin C\cos \alpha - \sin \alpha\cos C}{\sin \alpha} \cdot \frac{\sin 2B}{\sin C}$$

由上式和式($*$)我们有

$$(\cot \alpha - \cot C) \cdot \sin 2B = 2\sin^2 C$$

$$\Leftrightarrow (\cot \alpha - \cot C) \cdot 2\sin B\cos B = 2\sin^2 C$$

$$\Leftrightarrow (\cot \alpha - \cot C) \cdot 2\sin B = 2\sin C$$

因此

$$\cot \alpha = \cot C + \tan C = \frac{1}{\sin C\cos C}$$

推出结论.

36. 考虑锐角 $\triangle ABC$. 设 O 是 $\triangle ABC$ 的外心, D 是过 A 的高的垂足. 如果 $OD /\!/ AB$, 证明: $\sin 2B = \cot C$.

解法 1 如图 5.5, 设 M 是 BC 的中点, 我们有

$$\tan \angle DOM = \tan \angle BAD = \cot B$$

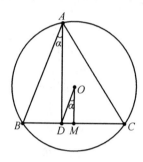

图 5.5

但是

$$DM = BM - BD = \frac{a}{2} - c\cos B = R\sin A - 2R\sin C\cos B$$

以及 $OM = OB\cos \angle BOM = R\cos A$, 所以

$$\frac{\sin A - 2\sin C\cos B}{\cos A} = \frac{\cos B}{\sin B}$$

去分母后整理, 我们得到

$$\sin A\sin B - \cos A\cos B = 2\sin C\sin B\cos B$$

因此 $\cos C = \sin 2B\sin C$, 得出 $\sin 2B = \cot C$.

解法 2 如图 5.6, 设 F 是 AB 的中点. 因为 OD 平行于 AB, 所以 $\triangle ABD$ 和 $\triangle ABO$ 的面积相同. 因为 OF 是过 O 到 AB 的高, 这给出

$$AD \cdot BD = OF \cdot AB$$

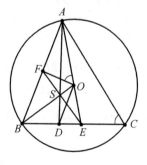

图 5.6

因此

$$2\,\frac{AD}{AB}\cdot\frac{BD}{AB}=\frac{OF}{AF}$$

由 Rt$\triangle ABD$ 和 Rt$\triangle AOF$,我们看到这说明

$$\sin 2B=2\sin B\cos B=\cot C$$

37.是否存在定义在区间$[-1,1]$上的函数 f,对一切实数 x,满足等式

$$2f(\cos x)=f(\sin x)+\sin x$$

解 回答是否定的.假定存在这样的函数,那么在给定的等式中使用代换 $x\to\pi-x$,我们得到

$$2f(-\cos x)=f(\sin x)+\sin x$$

因此对于一切实数 x,有 $f(-\cos x)=f(\cos x)$,因此对一切 $t\in[-1,1]$,有 $f(-t)=f(t)$,即 f 在$[-1,1]$上是偶函数.另一方面,在给定的等式中使用代换 $x\to-x$,我们得到

$$2f(\cos x)=f(-\sin x)-\sin x$$

因为 f 是偶函数,所以 $f(-\sin x)=f(\sin x)$,即

$$2f(\cos x)=f(\sin x)-\sin x$$

将原等式减去上式,我们得到对一切实数 x,有 $\sin x=0$,矛盾.

注 注意到如果等式有形式

$$2f(\cos x)=f(\sin x)+|\sin x|$$

那么对一切实数 x,存在一个函数满这一等式,可以按如下的方法找到.使用代换 $x\to\frac{\pi}{2}-x$,我们得到

$$2f(\sin x)=f(\cos x)+|\cos x|=\frac{1}{2}[f(\sin x)+|\sin x|]+|\cos x|$$

由此,我们得到

$$f(\sin x)=\frac{1}{3}|\sin x|+\frac{2}{3}|\cos x|=\frac{1}{3}|\sin x|+\frac{2}{3}\sqrt{1-\sin^2 x}$$

这样,$f(x)=\frac{1}{3}|x|+\frac{2}{3}\sqrt{1-x^2}$.容易看出对一切实数 x,该函数满足原等式.

38.设 $A_1 A_2\cdots A_n$ 是正 n 边形.当 $n\geqslant 5$ 时,A_3 关于直线 $A_1 A_2$ 的轴对称的像是否在直线 $A_4 A_5$ 上?

解 如图 5.7,我们过点 A_3 作直线 $A_1 A_2$ 的垂线,分别用 O 和 X 表示该垂线与 $A_1 A_2$ 和 $A_4 A_5$ 的交点.

点 X 的作用是很清楚的:我们要找出何时点 X 就是点 A_3 关于直线 $A_1 A_2$ 对称点 A'_3.这将在 $A_3 X=A_3 A'_3$,即 $A_3 X=2A_3 O$ 时发生,同时点 X 将在射线 $A_3 O$ 上.

首先,我们证明如果点 X 在射线 $A_3 O$ 上,那么等式 $A_3 X=2A_3 O$ 只有当 $n=18$ 时成立.

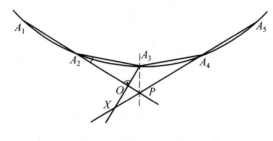

图 5.7

最后,我们将证明当 $n=18$ 时,点 X 在射线 A_3O 上.为计算简化起见,设 $\beta=\angle A_3A_2O$.我们来证明 $\beta=\dfrac{360°}{n}$.事实上,如果 S 是正 n 边形的外心,那么

$$\angle A_1SA_3=2\angle A_1SA_2=2\cdot\frac{360°}{n}$$

根据圆心角定理

$$\angle A_1A_2A_3=180°-\frac{\angle A_1SA_3}{2}$$

因此

$$\beta=\angle A_3A_2O=180°-\angle A_1A_2A_3=\frac{\angle A_1SA_3}{2}=\frac{360°}{n}$$

此外,从这一等式也可推出

$$180°-\beta=\angle A_2A_3A_4=\angle A_3A_4A_5$$

现在我们将用 β 表示 $\triangle A_3A_4X$ 的各个内角的大小.显然有

$$\angle A_3A_4X=180°-\angle A_3A_4A_5=\beta$$

现在

$$\begin{aligned}\angle XA_3A_4&=360°-\angle XA_3A_2-\angle A_2A_3A_4\\&=360°-(90°-\beta)-(180°-\beta)\\&=90°+2\beta\end{aligned}$$

所以

$$\angle A_3XA_4=180°-\beta-(90°+2\beta)=90°-3\beta$$

现在设 a 是正 n 边形的边长.因为 $A_3O=a\sin\beta$,于是当 $A_3X=2a\sin\beta$ 时,所求的等式 $A_3X=2A_3O$ 成立.在 $\triangle A_3A_4X$ 中,由正弦定理,我们有

$$\frac{A_3X}{A_3A_4}=\frac{\sin\angle A_3A_4X}{\sin\angle A_3XA_4}$$

因此

$$A_3 X = \frac{A_3 A_4 \sin \angle A_3 A_4 X}{\sin \angle A_3 X A_4} = \frac{a \sin \beta}{\sin(90° - 3\beta)} = \frac{a \sin \beta}{\cos 3\beta}$$

当 $\cos 3\beta = \dfrac{1}{2}$ 时,最后一个表达式有所求的值 $2a \sin \beta$. 因此,$3\beta = 60°$,即 $\beta = 20°$,所以 $\dfrac{360°}{n} = 20°$,给出 $n = 18$.

余下的问题是要证明当 $n = 18$ 时,点 X 在射线 $A_3 O$ 上. 由前面的计算,我们已经找到了 $\angle A_3 A_4 X$ 和 $\angle X A_3 A_4$,它们分别等于 $\angle A_3 A_4 P$ 和 $\angle O A_3 A_4$,所以 $\angle A_3 A_4 P = \beta$,$\angle O A_3 A_4 = 90° + 2\beta$. 因此 $n = 18$ 时,我们得到 $\beta = 20°$,和 $\angle A_3 A_4 P + \angle O A_3 A_4 = 90° + 3\beta = 150° < 180°$.

这一不等式表明射线 $A_3 O$ 和 $A_4 P$ 相交(因此它们的交点就是 X). 证毕.

39. 在给定的 $\triangle ABC$ 的边 AB 和 AC 上分别取点 P 和 Q. 用 R 表示直线 BQ 和 CP 的交点,设 p,q,r 分别表示点 P,Q,R 到 BC 直线的距离. 证明:

$$\frac{1}{p} + \frac{1}{q} > \frac{1}{r}$$

解　我们将证明等价的不等式

$$\frac{r}{p} + \frac{r}{q} > 1$$

如图 5.8,由于直角三角形明显相似,所以

$$\frac{r}{p} = \frac{CR}{CP} = \frac{CR}{CR + PR}$$

和

$$\frac{r}{q} = \frac{BR}{BQ} = \frac{BR}{BR + BQ}$$

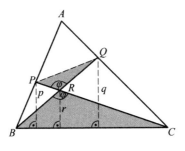

图 5.8

于是我们要证明

$$\frac{CR}{CR + PR} + \frac{BR}{BR + BQ} > 1$$

去分母后得到等价的

$$BR \cdot CR > RQ \cdot PR$$

不等式的两边乘以 $\frac{1}{2}ab\sin\varphi$,这里

$$\varphi = \angle BRC = \angle PRQ$$

给出

$$\frac{1}{2}\sin\varphi \cdot BR \cdot CR > \frac{1}{2}\sin\varphi \cdot RQ \cdot PR$$

这一不等式的左边是 $\triangle BRC$ 的面积,右边是 $\triangle PRQ$ 的面积,即

$$S_{\triangle BRC} > S_{\triangle PRQ}$$

现在我们可以容易地证明最后一个不等式. 因为点 C 到直线 BP 的距离大于点 Q 到直线 BP 的距离,我们得到 $S_{\triangle BPC} > S_{\triangle BPQ}$.

两边减去 $\triangle BPR$ 的面积,我们得到 $S_{\triangle BRC} > S_{\triangle PRQ}$,证毕.

40. 有一个递增的等差数列 a_1, a_2, a_3, a_4, a_5,这里所有的项都属于区间 $\left[0, \frac{3\pi}{2}\right]$,如果数 $\cos a_1, \cos a_2, \cos a_3$ 以及数 $\sin a_3, \sin a_4, \sin a_5$ 也以某个顺序成等差数列,原数列的公差能取什么值?

解 设 δ 是递增的等差数列 a_1, a_2, a_3, a_4, a_5 的公差,这里 $a_i \in \left[0, \frac{3\pi}{2}\right]$,$i = 1, 2, 3, 4, 5$,那么 $\cos\delta \in \left(0, \frac{3\pi}{8}\right)$,显然 $\cos\delta \neq 1$. 我们有两种重叠的情况.

(i) $a_3 \leqslant \pi$. 那么

$$0 \leqslant a_1 < a_2 < a_3 \leqslant \pi, \quad \cos a_1 > \cos a_2 > \cos a_3$$

因此

$$\begin{aligned} 2\cos a_2 &= \cos a_1 + \cos a_3 \\ &= 2\cos\frac{a_3 + a_1}{2}\cos\frac{a_3 - a_1}{2} \\ &= 2\cos a_2 \cos\delta \end{aligned}$$

给出 $\cos a_2 = 0$,即 $a_2 = \frac{\pi}{2}$(因为 $a_3 \geqslant \frac{\pi}{2}$,所以第二种情况也成立).

(ii) $a_3 \geqslant \frac{\pi}{2}$. 那么

$$\frac{\pi}{2} \leqslant a_3 < a_4 < a_5 \leqslant \frac{3\pi}{2}, \quad \sin a_3 > \sin a_4 > \sin a_5$$

因此

$$2\sin a_4 = \sin a_3 + \sin a_5 = 2\sin \frac{a_3 + a_5}{2}\cos \frac{a_3 - a_5}{2} = 2\sin a_4 \cos \delta$$

给出 $\sin a_4 = 0$,即 $a_4 = \pi$(因为 $a_3 \leqslant \pi$,第一种情况也成立).

于是,两种情况都成立,所以 $a_2 = \dfrac{\pi}{2}$,$a_4 = \pi$,由此得 $\delta = \dfrac{\pi}{4}$.容易检验 $\delta = \dfrac{\pi}{4}$ 给出一个解.

41. 当 $k > 10$ 时,证明:在乘积

$$f(x) = \cos x \cos 2x \cos 3x \cdots \cos 2^k x$$

中,有一个余弦可用正弦代替,得到新函数 $f_1(x)$,对一切实数 x 满足不等式 $|f_1(x)| \leqslant \dfrac{3}{2^{k+1}}$.

解   观察到

$$|\sin 3x| = |3\sin x - 4\sin^3 x| = |\sin x||3 - 4\sin^2 x|$$

以及 $-1 \leqslant 3 - 4\sin^2 x \leqslant 3$,所以

$$|\sin 3x| \leqslant 3|\sin x|$$

我们将证明用 $\sin 3x$ 代替 f 中的 $\cos 3x$ 得到的函数 f_1 满足不等式.事实上,利用该不等式以及 f_1 的乘积中不是 2 的幂的一切 k 的不等式 $|\cos kx| \leqslant 1$,我们得到

$$|f_1(x)| \leqslant 3|\sin x \cos x \cos 2x \cos 4x \cos 8x \cdots \cos 2^k x|$$

$$= 3\left|\frac{3}{2^{k+1}}\sin 2^{k+1} x\right|$$

$$\leqslant \frac{3}{2^{k+1}}$$

42. 在一个三角形中,设 m_a, m_b, m_c 是中线的长,w_a, w_b, w_c 是角平分线的长,r 和 R 分别是内切圆的半径和外接圆的半径.证明:

$$\frac{m_a}{w_a} + \frac{m_b}{w_b} + \frac{m_c}{w_c} \leqslant \left(\sqrt{\frac{R}{r}} + \sqrt{\frac{r}{R}}\right)^2$$

解   我们将证明以下较强的命题

$$\frac{m_a}{w_a} + \frac{m_b}{w_b} + \frac{m_c}{w_c} \leqslant 1 + \frac{R}{r}$$

由图 5.9(O 是 $\triangle ABC$ 的外心),我们很快看到

$$w_a c \sin \frac{A}{2} + w_a b \sin \frac{A}{2} = 2K \Rightarrow w_a = \frac{2K}{(b+c)\sin \dfrac{A}{2}}$$

由三角形不等式,我们得到

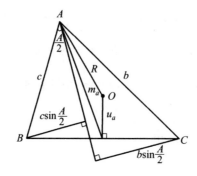

图 5.9

$$m_a \leqslant R + u_a, \quad (b+c)\sin\frac{A}{2} \leqslant a$$

因此我们推出

$$\frac{m_a}{w_a} \leqslant \frac{a(R+u_a)}{2K}$$

将该式与关于 w_b 和 w_c 的两个类似的表达式相加,我们推得

$$\frac{m_a}{w_a} + \frac{m_b}{w_b} + \frac{m_c}{w_c} \leqslant \frac{au_a + bu_b + cu_c}{2K} + \frac{(a+b+c)R}{2K} = 1 + \frac{R}{r}$$

43. 在任何 $\triangle ABC$ 中,证明:

$$\cos 3A + \cos 3B + \cos 3C + \cos(A-B) + \cos(B-C) + \cos(C-A) \geqslant 0$$

解 由和差化积公式得

$$\cos 3A + \cos 3B + \cos 3C = 2\cos\frac{3A+3B}{2}\cos\frac{3A-3B}{2} - 2\cos^2\frac{3A+3B}{2} + 1$$

$$= 2\cos\frac{3A+3B}{2}\left(\cos\frac{3A-3B}{2} - \cos\frac{3A+3B}{2}\right) + 1$$

$$= 1 - 4\sin\frac{3C}{2}\sin\frac{3A}{2}\sin\frac{3B}{2}$$

类似地

$$\cos(A-B) + \cos(B-C) + \cos(C-A)$$

$$= 2\cos\frac{A-C}{2}\cos\frac{C+A-2B}{2} + 2\cos^2\frac{C-A}{2} - 1$$

$$= 4\cos\frac{A-C}{2}\left(\cos\frac{C+A-2B}{2} + 2\cos\frac{C-A}{2}\right) - 1$$

$$= 4\cos\frac{A-C}{2}\cos\frac{A-B}{2}\cos\frac{B-C}{2} - 1$$

$$= 4\sin\frac{2A+B}{2}\sin\frac{2B+C}{2}\sin\frac{2C+A}{2} - 1$$

将这些结果相加,所求的不等式变为

$$\sin\frac{2A+B}{2}\sin\frac{2B+C}{2}\sin\frac{2C+A}{2}\geqslant\sin\frac{3A}{2}\sin\frac{3B}{2}\sin\frac{3C}{2}$$

如果其中一个角大于或等于 $\frac{2\pi}{3}$,那么右边非正,而左边非负,不等式成立. 下面假定所有的角都小于 $\frac{2\pi}{3}$.

在 $(0,\pi)$ 上定义 $f(x)=\ln\sin x$,那么

$$f'(x)=\cot x,\quad f''(x)=-\csc^2 x<0$$

所以 f 是凹函数. 于是

$$2f\left(\frac{3A}{2}\right)+f\left(\frac{3B}{2}\right)\leqslant 3f\left(\frac{2A+B}{2}\right)$$

$$\Leftrightarrow\sin^2\frac{3A}{2}\sin\frac{3B}{2}\leqslant\sin^3\frac{2A+B}{2}$$

类似地,我们得到

$$\sin^2\frac{3B}{2}\sin\frac{3C}{2}\leqslant\sin^3\frac{2B+C}{2},\quad\sin^2\frac{3C}{2}\sin\frac{3B}{2}\leqslant\sin^3\frac{2C+A}{2}$$

推出结果.

44. 计算

$$\frac{\cos\frac{\pi}{4}}{2}+\frac{\cos\frac{2\pi}{4}}{2^2}+\cdots+\frac{\cos\frac{n\pi}{4}}{2^n}$$

解　设 $\rho=e^{\frac{i\pi}{4}}=\frac{1+i}{\sqrt{2}}$. 设 $\operatorname{Re}\{z\}$ 表示复数 z 的实部. 显然

$$\cos\frac{k\pi}{4}=\operatorname{Re}\{\rho^k\}$$

所以我们需要求的和可写成

$$\sum_{k=1}^{n}\operatorname{Re}\left\{\frac{\rho^k}{2^k}\right\}=\operatorname{Re}\left\{\frac{\frac{\rho}{2}-\frac{\rho^{n+1}}{2^{n+1}}}{1-\frac{\rho}{2}}\right\}=\operatorname{Re}\left\{\frac{\rho(2-\bar\rho)-\dfrac{\rho^{n+1}(2-\bar\rho)}{2^n}}{(2-\rho)(2-\bar\rho)}\right\}$$

现在

$$(2-\rho)(2-\bar\rho)=4-2(\rho+\bar\rho)+|\rho|^2=4-4\cos\frac{\pi}{4}+1=5-2\sqrt{2}$$

$$\operatorname{Re}\{\rho(2-\bar\rho)\}=2\operatorname{Re}\{\rho\}-|\rho|^2=\sqrt{2}-1$$

$$\operatorname{Re}\{\rho^{n+1}(2-\bar\rho)\}=2\operatorname{Re}\{\rho^{n+1}\}-|\rho|^2\operatorname{Re}\{\rho^n\}=2\cos\frac{(n+1)\pi}{4}-\cos\frac{n\pi}{4}$$

于是,所求的和等于

$$\frac{\sqrt{2}-1+\dfrac{1}{2^n}\cos\dfrac{n\pi}{4}-\dfrac{1}{2^{n-1}}\cos\dfrac{(n+1)\pi}{4}}{5-2\sqrt{2}}$$

45. 证明在内接于半径为 R 的圆的任何三角形中,以下不等式成立:

$$\frac{a^2}{bc}+\frac{b^2}{ca}+\frac{c^2}{ab}\leqslant\left(\frac{R}{a}+\frac{R}{b}+\frac{R}{c}\right)^2$$

解 两边乘以 $2a^2b^2c^2$,不等式等价于

$$2R^2(ab+bc+ca)^2\geqslant 2abc(a^3+b^3+c^3)$$
$$=6a^2b^2c^2+abc(a+b+c)[(a-b)^2+(b-c)^2+(c-a)^2]$$

再利用 $S=\dfrac{r(a+b+c)}{2}=\dfrac{abc}{4R}$,我们推得

$$(a-b)^2+(b-c)^2+(c-a)^2\leqslant\frac{R(a^2b^2+b^2c^2+c^2a^2)}{r(a+b+c)^2}+4R^2-12Rr$$

现在利用正弦定理并进行一些代数运算后,我们得到

$$(a-b)^2+(b-c)^2+(c-a)^2$$
$$=2R^2-6Rr-2r^2+2R^2(\cos A\cos B+\cos B\cos C+\cos C\cos A)$$

利用 Heron 公式

$$a^2b^2+b^2c^2+c^2a^2\geqslant 2a^2b^2+2b^2c^2+2c^2a^2-a^4-b^4-c^4=16S^2$$

因此只要证明

$$R^2(\cos A\cos B+\cos B\cos C+\cos C\cos A)\leqslant R^2-Rr+r^2$$

现在

$$\cos A\cos B+\cos B\cos C+\cos C\cos A\leqslant\frac{(\cos A+\cos B+\cos C)^2}{3}$$
$$=\frac{(R+r)^2}{3R^2}$$

所以又只要证明

$$(R+r)^2\leqslant 3R^2-3Rr+3r^2$$
$$0\leqslant 2R^2-5Rr+2r^2=(R-2r)(2R-r)$$

因为 $R\geqslant 2r$,所以上式显然成立,推出结论,当且仅当 $\triangle ABC$ 是等边三角形时,等式成立.

46. 证明在任何 $\triangle ABC$ 中,以下不等式成立:

$$\frac{r_a}{\sin\dfrac{A}{2}}+\frac{r_b}{\sin\dfrac{B}{2}}+\frac{r_c}{\sin\dfrac{C}{2}}\geqslant 2\sqrt{3}\,s$$

解 我们将证明与所求的不等式等价的形式

$$\frac{1}{\cos\dfrac{A}{2}} + \frac{1}{\cos\dfrac{B}{2}} + \frac{1}{\cos\dfrac{C}{2}} \geqslant 2\sqrt{3}$$

这是因为

$$\tan\frac{A}{2} = \frac{r_a}{s}$$

可写成

$$\frac{r_a}{\sin\dfrac{A}{2}} = \frac{s}{\cos\dfrac{A}{2}}$$

这一事实. 为了证明这一点, 我们观察到

$$f(x) = \frac{1}{\cos\dfrac{x}{2}}$$

在区间 $(0,\pi)$ 内是凸函数. 判断一个函数是凸函数的准则是它的二阶导数为正. 事实上, 当 $0 < x < \pi$ 时, 有

$$f'(x) = \frac{1}{2}\sin\frac{x}{2}\sec^2\frac{x}{2}$$

和

$$f''(x) = \frac{1}{4}\left(1 + \sin^2\frac{x}{2}\right)\sec^3\frac{x}{2} > 0$$

于是, 由 Jensen 不等式

$$\frac{1}{\cos\dfrac{A}{2}} + \frac{1}{\cos\dfrac{B}{2}} + \frac{1}{\cos\dfrac{C}{2}} \geqslant 3 \cdot \frac{1}{\cos\dfrac{\dfrac{A}{2}+\dfrac{B}{2}+\dfrac{C}{2}}{3}} = 3 \cdot \frac{1}{\cos\dfrac{\pi}{6}} = 2\sqrt{3}$$

当且仅当 $A = B = C$ 时, 等式成立.

47. 对一切正整数 n, 证明: $\sin\dfrac{\pi}{2n} \geqslant \dfrac{1}{n}$.

解法 1　注意到 $f(x) := \dfrac{\sin x}{x}$ 在区间 $\left(0,\dfrac{\pi}{2}\right]$ 上是减函数. 事实上, 对任何 $x \in \left(0,\dfrac{\pi}{2}\right]$, 有

$$f'(x) = \frac{x\cos x - \sin x}{x^2} < 0$$

因此, 对任何 $x \in \left(0,\dfrac{\pi}{2}\right]$, 有

$$f(x) \geqslant f\left(\frac{\pi}{2}\right) = \frac{\sin \frac{\pi}{2}}{\frac{\pi}{2}} = \frac{2}{\pi}$$

设 $x = \frac{\pi}{2n}$，我们得到对任何 $n \geqslant 1$，有

$$\frac{\sin \frac{\pi}{2n}}{\frac{\pi}{2n}} \geqslant \frac{2}{\pi} \Leftrightarrow \sin \frac{\pi}{2n} \geqslant \frac{\pi}{2n} \cdot \frac{2}{\pi} = \frac{1}{n}$$

解法 2　对于 $f(x) = \sin x$，我们有

$$f'(x) = \cos x$$

和

$$f''(x) = -\sin x$$

因此 $y = \sin x$ 的图像在 $0 \leqslant x \leqslant \frac{\pi}{2}$ 上是下凹函数. 因此在这个区间上它位于割线 $y = \frac{2x}{\pi}$ 的上方. 于是当 $0 \leqslant x \leqslant \frac{\pi}{2}$ 时

$$\sin x \geqslant \frac{2x}{\pi}$$

取 $x = \frac{\pi}{2n}$ 给出所需要的结果.

48. 设 r_a, r_b, r_c 是 $\triangle ABC$ 的旁切圆的半径. 证明：

$$r_a \cos \frac{A}{2} + r_b \cos \frac{B}{2} + r_c \cos \frac{C}{2} \leqslant \frac{3}{2} s$$

解　我们要证明的不等式等价于以下形式

$$\sin \frac{A}{2} + \sin \frac{B}{2} + \sin \frac{C}{2} \leqslant \frac{3}{2}$$

因为

$$\tan \frac{A}{2} = \frac{r_a}{s}$$

这一事实，所以可改写为

$$r_a \cos \frac{A}{2} = s \sin \frac{A}{2}$$

为了证明这一点，观察到

$$f(x) = \sin \frac{x}{2}$$

在区间$(0,\pi)$上是凹函数.判断一个函数是凹函数的分析准则是它的二阶导数为负.事实上,当$0<x<\pi$时

$$f'(x)=\frac{1}{2}\cos\frac{x}{2}$$

和

$$f''(x)=-\frac{1}{4}\sin\frac{x}{2}<0$$

于是,由 Jensen 不等式得

$$\sin\frac{A}{2}+\sin\frac{B}{2}+\sin\frac{C}{2}\leqslant\frac{3}{2}\cdot\sin\frac{\frac{A}{2}+\frac{B}{2}+\frac{C}{2}}{3}=3\sin\frac{\pi}{6}=\frac{3}{2}$$

当且仅当$A=B=C$时,等式成立.

49.求方程组

$$|x^2-2|=\sqrt{y+2}$$
$$|y^2-2|=\sqrt{z+2}$$
$$|z^2-2|=\sqrt{x+2}$$

的实数解.

解　首先注意到

$$\begin{cases}|x^2-2|=\sqrt{y+2}\\|y^2-2|=\sqrt{z+2}\\|z^2-2|=\sqrt{x+2}\end{cases}\Leftrightarrow\begin{cases}y=(x^2-2)^2-2\\z=(y^2-2)^2-2\\x=(z^2-2)^2-2\end{cases}$$

注意到$x,y,z\geqslant-2$我们考虑两种情况:

(i) 设$x\in[-2,2]$,那么设$t=\arccos\frac{x}{2}$,我们得到

$$x=2\cos t,t\in[0,\pi]$$
$$y=(4\cos^2 t-2)^2-2=4\cos^2 2t-2=2\cos 4t$$
$$z=(4\cos^2 4t-2)^2-2=2\cos 16t$$

和

$$x=(4\cos^2 16t-2)^2-2=2\cos 64t$$

因此,对于$t\in[0,\pi]$,我们有

$$2\cos t=2\cos 64t$$
$$\Leftrightarrow0=\cos t-\cos 64t=2\sin\frac{65t}{2}\sin\frac{63t}{2}$$

如果 $\sin\dfrac{65t}{2}=0$，那么对某个 $0\leqslant n\leqslant 32,t=\dfrac{(2n+1)\pi}{65}$，我们得到解

$$(x,y,z)=\left(2\cos\frac{\pi(2n+1)}{65},2\cos\frac{4\pi(2n+1)}{65},2\cos\frac{16\pi(2n+1)}{65}\right)$$

如果 $\sin\dfrac{63t}{2}=0$，那么对某个 $0\leqslant n\leqslant 31,t=\dfrac{(2n+1)\pi}{63}$，我们得到解

$$(x,y,z)=\left(2\cos\frac{\pi(2n+1)}{63},2\cos\frac{4\pi(2n+1)}{63},2\cos\frac{16\pi(2n+1)}{63}\right)$$

（注意到最后一组解有重复）.

(ii) 设 $x>2$，那么利用表达式

$$x=t+\frac{1}{t},t>1$$

我们得到

$$y=\left[\left(t+\frac{1}{t}\right)^2-2\right]^2-2=t^4+\frac{1}{t^4}$$

我们得到

$$z=\left[\left(t^4+\frac{1}{t^4}\right)^2-2\right]^2-2=t^{16}+\frac{1}{t^{16}}$$

$$x=\left[\left(t^{16}+\frac{1}{t^{16}}\right)^2-2\right]^2-2=t^{64}+\frac{1}{t^{64}}=t+\frac{1}{t}$$

方程

$$t^{64}+\frac{1}{t^{64}}=t+\frac{1}{t}$$

只有解 $t=1$，因为对于任何 $t>0$ 和任何自然数 $n>1$ 我们有不等式

$$t^n+\frac{1}{t^n}\geqslant t+\frac{1}{t}$$

这里当且仅当 $t=1$ 时，等式成立. 事实上，去分母后分解因式，该不等式就变为

$$t^{2n}-t^{n+1}-t^{n-1}+1=(t^{n-1}-1)(t^{n+1}-1)\geqslant 0$$

于是，这种情况无解.

50. 证明在任何正 31 边形 $A_0A_1\cdots A_{30}$ 中，以下不等式成立：

$$\frac{1}{A_0A_1}<\frac{1}{A_0A_2}+\frac{1}{A_0A_3}+\cdots+\frac{1}{A_0A_{15}}$$

解 我们将证明一个更为一般的结果，即当 $n\geqslant 4$ 时，对于任何正 $2n$ 边形或正 $(2n+1)$ 边形，以下不等式成立

$$\frac{1}{A_0A_1}<\frac{1}{A_0A_2}+\frac{1}{A_0A_3}+\cdots+\frac{1}{A_0A_n}$$

注意到对于任何角 $x < \dfrac{\pi}{4}$，我们有

$$\frac{2}{\sin 2x} - \frac{1}{\sin x} = \frac{2(1 - \cos x)}{\sin 2x} > 0$$

因此

$$\frac{1}{\sin x} < \frac{2}{\sin 2x} < \frac{1}{\sin 2x} + \frac{2}{\sin 4x} < \frac{1}{\sin 2x} + \frac{1}{\sin 3x} + \frac{1}{\sin 4x}$$

当 $n \geqslant 4$ 时，对 $\alpha = \dfrac{\pi}{2n}$ 或 $\alpha = \dfrac{\pi}{2n+1}$，由上式我们得到

$$\frac{1}{\sin \alpha} < \frac{1}{\sin 2\alpha} + \frac{1}{\sin 3\alpha} + \frac{1}{\sin 4\alpha} \leqslant \frac{1}{\sin 2\alpha} + \frac{1}{\sin 3\alpha} + \cdots + \frac{1}{\sin n\alpha}$$

那么只要认识到当 $n \geqslant 4$ 时，对于外接圆的半径为 R 的任何正 $2n$ 边形或正 $(2n+1)$ 边形，我们有

$$A_0 A_k = 2R \sin k\alpha, \quad k = 1, 2, \cdots, n$$

推出结论.

51. 在任何 $\triangle ABC$ 中，证明：

$$4\cos \frac{A + \pi}{4} \cos \frac{B + \pi}{4} \cos \frac{C + \pi}{4} \geqslant \sqrt{\frac{r}{2R}}$$

解　注意到

$$4 \prod_{\text{cyc}} \cos \frac{A + \pi}{4} = 4 \prod_{\text{cyc}} \sin \frac{\pi - A}{4} = 4 \prod_{\text{cyc}} \sin \frac{B + C}{4}$$
$$= \sin \frac{A}{2} + \sin \frac{B}{2} + \sin \frac{C}{2} - 1$$

和

$$\sqrt{\frac{r}{2R}} = \sqrt{2 \cdot \frac{r}{4R}} = \sqrt{2 \sin \frac{A}{2} \sin \frac{B}{2} \sin \frac{C}{2}}$$

我们可将原不等式改写为

$$\sin \frac{A}{2} + \sin \frac{B}{2} + \sin \frac{C}{2} - 1 \geqslant \sqrt{2 \sin \frac{A}{2} \sin \frac{B}{2} \sin \frac{C}{2}} \tag{1}$$

设

$$\alpha := \frac{\pi - A}{2}, \quad \beta := \frac{\pi - B}{2}, \quad \gamma := \frac{\pi - C}{2}$$

那么 $\alpha, \beta, \gamma \in \left(0, \dfrac{\pi}{2}\right)$，$\alpha + \beta + \gamma = \pi$，于是式 (1) 变为

$$\cos \alpha + \cos \beta + \cos \gamma - 1 \geqslant \sqrt{2 \cos \alpha \cos \beta \cos \gamma} \tag{2}$$

设 $\triangle A_1 B_1 C_1$ 是角为 α,β,γ 的某个三角形,再设 s,R 和 r 分别是 $\triangle A_1 B_1 C_1$ 的半周长、外接圆的半径和内切圆的半径. 因为

$$\cos\alpha + \cos\beta + \cos\gamma = 1 + \frac{r}{R}$$

和

$$\cos\alpha\cos\beta\cos\gamma = \frac{s^2 - (2R+r)^2}{4R^2}$$

我们得到式(2)等价于

$$\frac{r}{R} \geqslant \sqrt{\frac{s^2 - (2R+r)^2}{2R^2}} \Leftrightarrow \frac{r^2}{R^2} \geqslant \frac{s^2 - (2R+r)^2}{2R^2}$$

$$\Leftrightarrow s^2 - (2R+r)^2 \leqslant 2r^2 \Leftrightarrow s^2 \leqslant 4R^2 + 4Rr + 3r^2$$

这是 Gerretsen 不等式.

52. 在任何锐角 $\triangle ABC$ 中,证明以下不等式:

$$\frac{1}{\left(\cos\dfrac{A}{2} + \cos\dfrac{B}{2}\right)^2} + \frac{1}{\left(\cos\dfrac{B}{2} + \cos\dfrac{C}{2}\right)^2} + \frac{1}{\left(\cos\dfrac{C}{2} + \cos\dfrac{A}{2}\right)^2} \geqslant 1$$

解 设

$$\alpha := \frac{\pi - A}{2}, \beta := \frac{\pi - B}{2}, \gamma := \frac{\pi - C}{2}$$

那么 $\alpha,\beta,\gamma \geqslant 0, \alpha + \beta + \gamma = \pi$,则

$$\sum \frac{1}{\left(\cos\dfrac{A}{2} + \cos\dfrac{B}{2}\right)^2} = \sum \frac{1}{(\sin\alpha + \sin\beta)^2}$$

原不等式变为

$$\sum \frac{1}{(\sin\alpha + \sin\beta)^2} \geqslant 1 \tag{1}$$

设 $\triangle ABC$ 是角为 α,β,γ 的某个三角形,其对边的长为 a,b,c(不要将这个三角形和原锐角三角形混淆). 再设 R,r 和 s 分别是该三角形的外接圆的半径、内切圆的半径和半周长. 那么式(1)等价于

$$\sum \frac{1}{(a+b)^2} \geqslant \frac{1}{4R^2}$$

因为由 Cauchy-Schwarz 不等式得

$$\sum \frac{1}{(a+b)^2} \geqslant \frac{9}{\sum (a+b)^2} = \frac{9}{2(a^2 + b^2 + c^2 + ab + bc + ca)}$$

只要证明不等式

$$\dfrac{9}{2(a^2+b^2+c^2+ab+bc+ca)} \geqslant \dfrac{1}{4R^2}$$

$$\Leftrightarrow a^2+b^2+c^2+ab+bc+ca \leqslant 18R^2$$

后一个不等式成立是因为

$$a^2+b^2+c^2 \leqslant 9R^2, \quad ab+bc+ca \leqslant a^2+b^2+c^2$$

53. 在任何 $\triangle ABC$ 中,证明:

$$2\sqrt{3} \leqslant \operatorname{cosec} A + \operatorname{cosec} B + \operatorname{cosec} C \leqslant \dfrac{2\sqrt{3}}{9}(1+\dfrac{R}{r})^2$$

解　注意到

$$\sin A + \sin B + \sin C = 2\sin\dfrac{A}{2}\cos\dfrac{A}{2} + 2\sin\dfrac{B+C}{2}\cos\dfrac{B-C}{2}$$

$$\leqslant 2\cos\dfrac{A}{2}\left(1+\sin\dfrac{A}{2}\right)$$

当且仅当 $B=C$ 时,等式成立. 设 $x=\sin\dfrac{A}{2}$,则

$$\dfrac{27}{4} - (\sin A + \sin B + \sin C)^2 \geqslant \dfrac{27}{4} - 4(1-x^2)(1+x)^2$$

$$= \dfrac{(1-2x)^2(11+12x+4x^2)}{4} \geqslant 0$$

当且仅当 $x=\dfrac{1}{2}$ 时,等式成立. 于是

$$\sin A + \sin B + \sin C \leqslant \dfrac{3\sqrt{3}}{2}$$

用正弦定理,等价于

$$a+b+c \leqslant 3\sqrt{3}R$$

当且仅当 $\triangle ABC$ 是等边三角形时,等式成立.

　　现在证明左边的不等式,我们用 $AM-GM$ 不等式得到

$$\operatorname{cosec} A + \operatorname{cosec} B + \operatorname{cosec} C \geqslant \dfrac{9}{\sin A + \sin B + \sin C} \geqslant 2\sqrt{3}$$

当且仅当 $\triangle ABC$ 是等边三角形时,等式成立.

　　对于右边的不等式,注意到

$$\left(1+\dfrac{R}{r}\right)^2 \geqslant \dfrac{9R}{2r}$$

等价于

$$0 \leqslant 2R^2 - 5Rr + 2r^2 = (R-2r)(2R-r)$$

因为 $R \geqslant 2r$,上式显然成立,当且仅当 $\triangle ABC$ 是等边三角形时,等式成立.利用过正弦定理和熟知的三角形的面积关系以后,对于右边的不等式只要证明

$$\frac{ab+bc+ca}{2S} \leqslant \frac{\sqrt{3}R}{r}$$

因此

$$\frac{3(ab+bc+ca)}{(a+b+c)^2} \cdot \frac{a+b+c}{3\sqrt{3}R} \leqslant 1$$

上面我们证明了左边第二个因子不大于1,因为数量积不等式,第一个因子也不大于1.推出右边的不等式.当且仅当 $\triangle ABC$ 是等边三角形时,等式成立.

54.设 $\triangle ABC$ 是面积为 K 的三角形.证明:

$$a(s-a)\cos\frac{B-C}{4} + b(s-b)\cos\frac{C-A}{4} + c(s-c)\cos\frac{A-B}{4} \geqslant 2\sqrt{3}K$$

解 原不等式等价于

$$a\frac{K}{s}\cot\frac{A}{2}\cos\frac{B-C}{4} + b\frac{K}{s}\cot\frac{B}{2}\cos\frac{C-A}{4} + c\frac{K}{s}\cot\frac{C}{2}\cos\frac{A-B}{4} \geqslant 2\sqrt{3}K$$

上式可改写为

$$\sin A\cot\frac{A}{2}\cos\frac{B-C}{4} + \sin B\cot\frac{B}{2}\cos\frac{C-A}{4} + \sin C\cot\frac{C}{2}\cos\frac{A-B}{4}$$
$$\geqslant \sqrt{3}(\sin A + \sin B + \sin C)$$

因此

$$2\cos^2\frac{A}{2}\cos\frac{B-C}{4} + 2\cos^2\frac{B}{2}\cos\frac{C-A}{4} + 2\cos^2\frac{C}{2}\cos\frac{A-B}{4}$$
$$\geqslant \sqrt{3}(\sin A + \sin B + \sin C)$$

利用角的变换 $(A,B,C) \rightarrow (\pi-2A,\pi-2B,\pi-2C)$,给我们

$$2\sin^2 A\cos\frac{B-C}{2} + 2\sin^2 B\cos\frac{C-A}{2} + 2\sin^2 C\cos\frac{A-B}{2}$$
$$\geqslant \sqrt{3}(\sin 2A + \sin 2B + \sin 2C)$$

可连续改写为

$$2\sin A(\sin B + \sin C)\sin\frac{A}{2} + 2\sin B(\sin C + \sin A)\sin\frac{B}{2} +$$

$$2\sin C(\sin A + \sin B)\sin\frac{C}{2} \geqslant \sqrt{3}(\sin 2A + \sin 2B + \sin 2C)$$

$$\sin A(\sin B + \sin C)\sin\frac{A}{2} + \sin B(\sin C + \sin A)\sin\frac{B}{2} +$$

$$\sin C(\sin A + \sin B)\sin\frac{C}{2} \geqslant 2\sqrt{3}\,(\sin A\sin B\sin C) \tag{1}$$

现在内切圆变换 $a = y+z, b = z+x, c = x+y, x, y, z \in \mathbf{R}_+$ 有

$$\sin A = \frac{2\sqrt{xyz(x+y+z)}}{(z+x)(x+y)}$$

对于 $\sin B$ 和 $\sin C$ 也有类似的式子.

下面

$$\sin\frac{A}{2} = \sqrt{\frac{yz}{(z+x)(x+y)}}$$

以及排列. 于是,式(1) 等价于

$$\frac{y^2+z^2+2(xy+yz+zx)}{\sqrt{x(z+x)(x+y)}} + \frac{z^2+x^2+2(xy+yz+zx)}{\sqrt{y(x+y)(y+z)}} +$$

$$\frac{x^2+y^2+2(xy+yz+zx)}{\sqrt{z(y+z)(z+x)}} \geqslant 4\sqrt{3(x+y+z)} \tag{2}$$

现在设 $x+y+z=1$,那么式(2) 可变为

$$\frac{1-x^2}{\sqrt{x^2+xyz}} + \frac{1-y^2}{\sqrt{y^2+xyz}} + \frac{1-z^2}{\sqrt{z^2+xyz}} \geqslant 4\sqrt{3}$$

因为

$$yz \leqslant \left(\frac{y+z}{2}\right)^2 = \frac{1}{4}(1-x)^2$$

只要证明以下不等式

$$\frac{1-x^2}{\sqrt{x^2+\frac{1}{4}x(1-x)^2}} + \frac{1-y^2}{\sqrt{y^2+\frac{1}{4}y(1-y)^2}} + \frac{1-z^2}{\sqrt{z^2+\frac{1}{4}z(1-z)^2}} \geqslant 4\sqrt{3}$$

它等价于

$$\frac{1-x}{\sqrt{x}} + \frac{1-y}{\sqrt{y}} + \frac{1-z}{\sqrt{z}} \geqslant 2\sqrt{3} \tag{3}$$

因为

$$\frac{1-x}{\sqrt{x}} - \frac{4-6x}{\sqrt{3}} = \frac{2\sqrt{3}}{\sqrt{x}}\left(\sqrt{x} - \frac{1}{\sqrt{3}}\right)^2\left(\sqrt{x} + \frac{\sqrt{3}}{2}\right) \geqslant 0$$

于是

$$\frac{1-x}{\sqrt{x}} \geqslant \frac{4-6x}{\sqrt{3}}$$

将该式与对于 B 和 C 的类似的式子相加,就证明了所要求的结果.

注　该不等式是著名的 Finsler-Hadwiger 不等式(1937)

$$a(s-a)+b(s-b)+c(s-c) \geqslant 2\sqrt{3}\,K$$

或等价的

$$a^2+b^2+c^2 \geqslant 4\sqrt{3}\,K+(a-b)^2+(b-c)^2+(c-a)^2$$

的一个加强版.

55. 设 x,y,z 是非负实数, $x^2+y^2+z^2+xyz=4$, 且没有两个等于 0. 证明:

$$\frac{1}{(x+y)^2}+\frac{1}{(y+z)^2}+\frac{1}{(z+x)^2} \geqslant \frac{1}{4}+\frac{4}{(x+y)(y+z)(z+x)}$$

解 因为 $x,y,z \geqslant 0$, 约束条件 $x^2+y^2+z^2+xyz=4$ 表明 $x,y,z \in [0,2]$, 因此我们可以记作

$$\alpha := \arccos\frac{x}{2}, \quad \beta := \arccos\frac{y}{2}, \quad \gamma := \arccos\frac{z}{2}$$

我们得到

$$(x,y,z)=(2\cos\alpha, 2\cos\beta, 2\cos\gamma)$$

这里 $\alpha,\beta,\gamma \in \left[0,\dfrac{\pi}{2}\right]$. 约束条件变为

$$\cos^2\alpha+\cos^2\beta+\cos^2\gamma+2\cos\alpha\cos\beta\cos\gamma=1$$

这表明 $\alpha+\beta+\gamma=\pi$. 于是可以将 α,β,γ 考虑为一个(可能是退化的)非钝角三角形的角. 设 R,r 和 s 表示这个三角形的外接圆的半径、内切圆的半径和半周长. 要证明的不等式变为

$$\sum_{cyc}\frac{1}{(\cos\alpha+\cos\beta)^2} \geqslant 1+\frac{2}{\prod\limits_{cyc}(\cos\alpha+\cos\beta)}$$

因为

$$\sum_{cyc}\frac{1}{(\cos\alpha+\cos\beta)^2} \geqslant \sum_{cyc}\frac{1}{(\cos\alpha+\cos\beta)(\cos\beta+\cos\gamma)}$$

只要证明不等式

$$\sum_{cyc}\frac{1}{(\cos\alpha+\cos\beta)(\cos\beta+\cos\gamma)} \geqslant 1+\frac{2}{\prod\limits_{cyc}(\cos\alpha+\cos\beta)}$$

可写成

$$\sum_{cyc}(\cos\gamma+\cos\alpha) \geqslant \prod_{cyc}(\cos\alpha+\cos\beta)+2$$

$$\Leftrightarrow 2\sum_{cyc}\cos\alpha \geqslant 2+\sum_{cyc}\cos\alpha\sum_{cyc}\cos\alpha\cos\beta-\cos\alpha\cos\beta\cos\gamma \quad (1)$$

因为

$$\cos\alpha+\cos\beta+\cos\gamma=1+\frac{r}{R}$$

$$\cos \alpha \cos \beta + \cos \beta \cos \gamma + \cos \gamma \cos \alpha = \frac{s^2 + r^2 - 4R^2}{4R^2}$$

和

$$\cos \alpha \cos \beta \cos \gamma = \frac{s^2 - (2R + r)^2}{4R^2}$$

不等式(1) 变为

$$2(1 + \frac{r}{R}) \geqslant 2 + (1 + \frac{r}{R}) \frac{s^2 + r^2 - 4R^2}{4R^2} - \frac{s^2 - (2R + r)^2}{4R^2}$$

$$\Leftrightarrow \frac{2r}{R} \geqslant (1 + \frac{r}{R}) \frac{s^2 + r^2 - 4R^2}{4R^2} - \frac{s^2 - (2R + r)^2}{4R^2} = \frac{r(2Rr + r^2 + s^2)}{4R^3}$$

$$\Leftrightarrow s^2 \leqslant 8R^2 - 2Rr - r^2$$

上式成立是因为

$$s^2 \leqslant 4R^2 + 4Rr + 3r^2 \text{(Gerretsen 不等式)}$$

和

$$R \geqslant 2r \text{(Euler 不等式)}$$

给出

$$8R^2 - 2Rr - r^2 - s^2 = 2(R - 2r)(2R + r) + (4R^2 + 4Rr + 3r^2 - s^2) \geqslant 0$$

56. 设 $\triangle ABC$ 是不等边三角形,我们在 $\triangle ABC$ 的外部作等腰 $\triangle XAB$,$\triangle YAC$ 和 $\triangle ZBC$ 使

$$\angle AXB = \angle AYC = 90°$$

和

$$\angle ZBC = \angle ZCB = \angle BAC$$

已知 BY,CX 和 AZ 共点,求 $\angle BAC$.

解 如图 5.10,设 R 是 $\triangle ABC$ 的外接圆的半径,CX 和 AB 相交于 X',BY 和 AC 相交于 Y',AZ 和 BC 相交于 Z'.

由 $\angle ZBC = \angle ZCB = \angle BAC$ 推出 BZ 和 CZ 切 $\triangle ABC$ 的外接圆于 B 和 C. 因此 AZ 是 $\triangle ABC$ 的从 A 出发的对称中线,因此

$$\frac{BZ'}{Z'C} = \frac{AB^2}{AC^2}$$

设方括号表示面积,我们计算

$$\frac{Y'A}{Y'C} = \frac{[AYY']}{[CYY']} = \frac{AY \cdot YY' \cdot \sin(AYB) \cdot \frac{1}{2}}{YC \cdot YY' \cdot \sin(CYB) \cdot \frac{1}{2}}$$

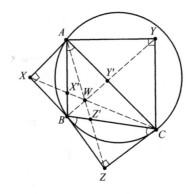

图 5.10

$$= \frac{\sin(AYB)}{\sin(BYC)}$$

在 $\triangle ABY$ 和 $\triangle BCY$ 中由正弦定理,我们有

$$\frac{\sin(AYB)}{AB} = \frac{\sin(A + 45°)}{BY}$$

和

$$\frac{\sin(BYC)}{BC} = \frac{\sin(C + 45°)}{BY}$$

因此

$$\frac{Y'A}{Y'C} = \frac{\sin(AYB)}{\sin(BYC)} = \frac{AB \cdot \sin(A + 45°)}{BC \cdot \sin(C + 45°)}$$

类似地

$$\frac{AX'}{X'B} = \frac{AC \cdot \sin(A + 45°)}{BC \cdot \sin(B + 45°)}$$

因为 AZ,BY 和 CX 共点,Ceva 定理给出

$$\frac{BZ'}{Z'C} \cdot \frac{CY'}{Y'A} \cdot \frac{AX'}{X'B} = 1$$

因此

$$\frac{AB^2}{AC^2} \cdot \frac{BC \cdot \sin(\angle ACB + 45°)}{AB \cdot \sin(\angle BAC + 45°)} \cdot \frac{AC \cdot \sin(\angle BAC + 45°)}{BC \cdot \sin(\angle ABC + 45°)} = 1$$

可简化为

$$AB \cdot \sin(\angle ACB + 45°) = AC \cdot \sin(\angle ABC + 45°) \tag{1}$$

因为正弦定理给出 $AB = 2R \cdot \sin\angle ACB$ 和 $AC = 2R \cdot \sin\angle ABC$,这表明

$$\sin\angle ACB \cdot \sin(\angle ACB + 45°) = \sin\angle ABC \cdot \sin(\angle ABC + 45°)$$

可简化为

$$\cos 45° - \cos(2\angle ACB + 45°) = \cos 45° - \cos(2\angle ABC + 45°)$$

于是简化为

$$\cos(2\angle ACB + 45°) = \cos(2\angle ABC + 45°)$$

因为 $\triangle ABC$ 是不等边三角形，我们必有

$$2\angle ACB + 45° + 2\angle ABC + 45° = 360°$$

因此 $\angle ABC + \angle ACB = 135°$ 和

$$\angle BAC = 180° - 135° = 45°$$

57. 在任何 $\triangle ABC$ 中，证明：

$$\frac{9}{4}\sqrt{\frac{r}{2R}} \leqslant \sqrt{3}\cos\frac{A}{2}\cos\frac{B}{2}\cos\frac{C}{2} \leqslant 1 + \frac{r}{4R}$$

解　左边的不等式连续等价于

$$\frac{9}{4}\sqrt{2\sin\frac{A}{2}\sin\frac{B}{2}\sin\frac{C}{2}} \leqslant \sqrt{3}\cos\frac{A}{2}\cos\frac{B}{2}\cos\frac{C}{2}$$

$$\frac{27}{8}\sin\frac{A}{2}\sin\frac{B}{2}\sin\frac{C}{2} \leqslant \cos^2\frac{A}{2}\cos^2\frac{B}{2}\cos^2\frac{C}{2}$$

$$\frac{27\sin\frac{A}{2}\sin\frac{B}{2}\sin\frac{C}{2}}{\cos^2\frac{A}{2}\cos^2\frac{B}{2}\cos^2\frac{C}{2}} \leqslant 8$$

由 AM $-$ GM 不等式，我们有

$$\frac{27\sin\frac{A}{2}\sin\frac{B}{2}\sin\frac{C}{2}}{\cos^2\frac{A}{2}\cos^2\frac{B}{2}\cos^2\frac{C}{2}} \leqslant \left(\sum_{\text{cyc}}\frac{\sin\frac{A}{2}}{\cos\frac{B}{2}\cos\frac{C}{2}}\right)^3$$

$$= \left(\sum_{\text{cyc}}\frac{\cos\left(\frac{B}{2}+\frac{C}{2}\right)}{\cos\frac{B}{2}\cos\frac{C}{2}}\right)^3$$

$$= \left(\sum_{\text{cyc}}\frac{\cos\frac{B}{2}\cos\frac{C}{2} - \sin\frac{B}{2}\sin\frac{C}{2}}{\cos\frac{B}{2}\cos\frac{C}{2}}\right)^3$$

$$= \left(3 - \sum_{\text{cyc}}\tan\frac{B}{2}\tan\frac{C}{2}\right)^3 = 8$$

右边的不等式由

$$\sqrt{3}\cos\frac{A}{2}\cos\frac{B}{2}\cos\frac{C}{2} = \frac{\sqrt{3}}{4}(\sin A + \sin B + \sin C)$$

$$= \frac{\sqrt{3}\,(a+b+c)}{8R}$$

$$= \frac{\sqrt{3}\,s}{4R}\text{(这里 } s = \frac{a+b+c}{2}\text{)}$$

$$= \frac{\sqrt{3}\,(r_a r_b + r_b r_c + r_c r_a)}{4R}$$

$$\leqslant \frac{r_a + r_b + r_c}{4R}$$

$$= \frac{4R+r}{4R}$$

$$= 1 + \frac{r}{4R}$$

推出,这里我们用了恒等式

$$r_a r_b + r_b r_c + r_c r_a = s^2, \quad r_a + r_b + r_c = 4R + r$$

证毕.

58. 在任何 $\triangle ABC$ 中,证明:

$$\cos\frac{A}{2}\cos\frac{B}{2}\cos\frac{C}{2} \leqslant \frac{1}{\sqrt{3}}(1 + \sin\frac{A}{2}\sin\frac{B}{2}\sin\frac{C}{2})$$

解　要证明的不等式等价于

$$\frac{1}{\cos\dfrac{A}{2}\cos\dfrac{B}{2}\cos\dfrac{C}{2}} + \tan\frac{A}{2}\tan\frac{B}{2}\tan\frac{C}{2} \geqslant \sqrt{3}$$

设 $\tan\dfrac{A}{2} = x, \tan\dfrac{B}{2} = y, \tan\dfrac{C}{2} = z$, 得到

$$xy + yz + zx = 1$$

不等式变为

$$\sqrt{(1+x^2)(1+y^2)(1+z^2)} + xyz \geqslant \sqrt{3}$$

注意到

$$1 + x^2 = xy + yz + zx + x^2 = (x+y)(x+z)$$

类似地,有

$$1 + y^2 = (y+z)(y+x)$$

$$1 + z^2 = (z+x)(z+y)$$

因此,原不等式归结为

$$(x+y)(y+z)(z+x) + xyz \geqslant \sqrt{3}$$

或

$$(x + y + z)(xy + yz + zx) \geqslant \sqrt{3}$$

现在我们有

$$x + y + z \geqslant \sqrt{3(xy + yz + zx)} = \sqrt{3}$$

这就是要证明的.

59. 如图 5.11,设 $\triangle ABC$ 是锐角三角形,外心为 O,外接圆的半径为 R.设 R_a,R_b,R_c 分别是 $\triangle OBC$,$\triangle OCA$,$\triangle OAB$ 的外接圆的半径.证明:当且仅当

$$R^3 + R^2(R_a + R_b + R_c) = 4R_aR_bR_c$$

时,$\triangle ABC$ 是等边三角形.

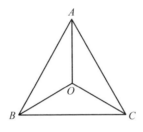

图 5.11

解　如果 $\triangle ABC$ 是等边三角形,那么

$$AB = BC = CA = \sqrt{3}R = a$$

和

$$R_a = R_b = R_c = \frac{aR^2}{4 \times \frac{1}{2}R^2\sin 120°} = R$$

因此

$$R^3 + R^2(R_a + R_b + R_c) = 4R^3 = 4R_aR_bR_c$$

如果条件

$$R^3 + R^2(R_a + R_b + R_c) = 4R_aR_bR_c \tag{1}$$

给出,那么我们有

$$\frac{R_a}{R} = \frac{aR}{4 \times \frac{1}{2}R^2\sin 2A} = \frac{1}{2\cos A}$$

类似地,有

$$\frac{R_b}{R} = \frac{1}{2\cos B}, \quad \frac{R_c}{R} = \frac{1}{2\cos C}$$

因此条件(1)可写成

$$\cos A\cos B + \cos B\cos C + \cos C\cos A = 1 - 2\cos A\cos B\cos C \qquad (2)$$

对任何 $\triangle ABC$,利用以下恒等式

$$\cos^2 A + \cos^2 B + \cos^2 C = 1 - \cos A\cos B\cos C$$

式(2)可写成

$$\cos^2 A + \cos^2 B + \cos^2 C = \cos A\cos B + \cos B\cos C + \cos C\cos A$$

这表明

$$\sum (\cos A - \cos B)^2 = 0$$

给出

$$\cos A = \cos B = \cos C \Rightarrow A = B = C$$

因为 $\triangle ABC$ 是锐角三角形,所以 $\triangle ABC$ 是等边三角形.

60. 设 a,b,c 是模相同的非零复数,且 $a^3 + b^3 + c^3 = rabc$,这里 r 是实数.

(a) 证明:$-1 \leqslant r \leqslant 3$.

(b) 证明:如果 $r < 3$,那么方程

$$ax^2 + bx + c = 0, \quad bx^2 + cx + a = 0, \quad cx^2 + ax + b = 0$$

中有且只有一个有模为 1 的根.

解 (a) 设 $a = \rho e^{i\theta}, b = \rho e^{i\varphi}, c = \rho e^{i\omega}$,那么条件

$$a^3 + b^3 + c^3 = rabc$$

变为

$$e^{i3\theta} + e^{i3\varphi} + e^{i3\omega} = re^{i(\theta+\varphi+\omega)}$$

或

$$r = e^{i(2\theta-\varphi-\omega)} + e^{i(2\varphi-\theta-\omega)} + e^{i(2\omega-\varphi-\theta)}$$

设

$$\alpha = 2\theta - \varphi - \omega$$
$$\beta = 2\varphi - \theta - \omega$$

和

$$\gamma = 2\omega - \theta - \varphi$$

我们得到

$$\cos\alpha + \cos\beta + \cos\gamma = r$$
$$\sin\alpha + \sin\beta + \sin\gamma = 0$$
$$\alpha + \beta + \gamma = 0$$

于是

$$\sin\alpha + \sin\beta = -\sin\gamma = \sin(\alpha+\beta)$$

$$\Rightarrow 2\sin\frac{\alpha+\beta}{2}\cos\frac{\alpha-\beta}{2} = 2\sin\frac{\alpha+\beta}{2}\cos\frac{\alpha+\beta}{2}$$

$$\Rightarrow \sin\frac{\alpha+\beta}{2}\sin\frac{\alpha}{2}\sin\frac{\beta}{2} = 0$$

如果 $\alpha+\beta = 2k\pi$，这里 $k\in\mathbf{Z}$，我们得到

$$r = 2\cos k\pi\cos(k\pi-\beta) + 1 = 1 + 2\cos\beta$$

如果 $\alpha = 2k\pi$，我们得到

$$r = 1 + \cos\beta + \cos(2k\pi+\beta) = 1 + 2\cos\beta$$

类似地，如果 $\beta = 2k\pi$，我们得到 $r = 1 + 2\cos\alpha$. 在所有这 3 种情况中，我们都有 $-1\leqslant r\leqslant 3$. 此外，只有当 α,β,γ 都是 π 的偶数倍时，$r=3$.

（b）不失一般性，设方程 $ax^2+bx+c=0$ 有一个模为 1 的根，即 $x=\mathrm{e}^{\mathrm{i}\lambda}$. 那么我们有

$$\mathrm{e}^{\mathrm{i}(\theta+2\lambda)} + \mathrm{e}^{\mathrm{i}(\varphi+\lambda)} + \mathrm{e}^{\mathrm{i}\omega} = 0$$

$$\Rightarrow \mathrm{e}^{\mathrm{i}(\theta+2\lambda-\omega)} + \mathrm{e}^{\mathrm{i}(\varphi+\lambda-\omega)} = -1$$

于是，我们有

$$\cos(\theta+2\lambda-\omega) + \cos(\varphi+\lambda-\omega) = -1$$

$$\Rightarrow \cos\frac{3\lambda-\gamma}{2}\cos\frac{\theta-\varphi+\lambda}{2} = -\frac{1}{2}$$

以及

$$\sin(\theta+2\lambda-\omega) + \sin(\varphi+\lambda-\omega) = 0$$

$$\Rightarrow \sin\frac{3\lambda-\gamma}{2}\cos\frac{\theta-\varphi+\lambda}{2} = 0$$

于是

$$3\lambda-\gamma = 4k\pi, \quad \theta-\varphi+\lambda = 4n\pi\pm\frac{4\pi}{3}$$

或

$$3\lambda-\gamma = (4k+2)\pi, \quad \theta-\varphi+\lambda = 4n\pi\pm\frac{2\pi}{3}$$

在这两种情况下，消去 λ 以后，我们求出 β 是 π 的偶数倍. 如果另一个二次方程（例如 $bx^2+cx+a=0$）也有模为 1 的根，用同样的方法我们求出 γ 是 π 的偶数倍. 这样 α 也是 π 的偶数倍，r 将等于 3，这与条件 $r<3$ 矛盾. 于是当 $r<3$ 时，方程

$$ax^2+bx+c=0, \quad bx^2+cx+a=0, \quad cx^2+ax+b=0$$

中有一个且只有一个方程有模为 1 的根.

刘培杰数学工作室
已出版(即将出版)图书目录——初等数学

书　　名	出版时间	定　价	编号
新编中学数学解题方法全书(高中版)上卷(第2版)	2018－08	58.00	951
新编中学数学解题方法全书(高中版)中卷(第2版)	2018－08	68.00	952
新编中学数学解题方法全书(高中版)下卷(一)(第2版)	2018－08	58.00	953
新编中学数学解题方法全书(高中版)下卷(二)(第2版)	2018－08	58.00	954
新编中学数学解题方法全书(高中版)下卷(三)(第2版)	2018－08	68.00	955
新编中学数学解题方法全书(初中版)上卷	2008－01	28.00	29
新编中学数学解题方法全书(初中版)中卷	2010－07	38.00	75
新编中学数学解题方法全书(高考复习卷)	2010－01	48.00	67
新编中学数学解题方法全书(高考真题卷)	2010－01	38.00	62
新编中学数学解题方法全书(高考精华卷)	2011－03	68.00	118
新编平面解析几何解题方法全书(专题讲座卷)	2010－01	18.00	61
新编中学数学解题方法全书(自主招生卷)	2013－08	88.00	261
数学奥林匹克与数学文化(第一辑)	2006－05	48.00	4
数学奥林匹克与数学文化(第二辑)(竞赛卷)	2008－01	48.00	19
数学奥林匹克与数学文化(第二辑)(文化卷)	2008－07	58.00	36'
数学奥林匹克与数学文化(第三辑)(竞赛卷)	2010－01	48.00	59
数学奥林匹克与数学文化(第四辑)(竞赛卷)	2011－08	58.00	87
数学奥林匹克与数学文化(第五辑)	2015－06	98.00	370
世界著名平面几何经典著作钩沉——几何作图专题卷(共3卷)	2022－01	198.00	1460
世界著名平面几何经典著作钩沉(民国平面几何老课本)	2011－03	38.00	113
世界著名平面几何经典著作钩沉(建国初期平面三角老课本)	2015－08	38.00	507
世界著名解析几何经典著作钩沉——平面解析几何卷	2014－01	38.00	264
世界著名数论经典著作钩沉(算术卷)	2012－01	28.00	125
世界著名数学经典著作钩沉——立体几何卷	2011－02	28.00	88
世界著名三角学经典著作钩沉(平面三角卷Ⅰ)	2010－06	28.00	69
世界著名三角学经典著作钩沉(平面三角卷Ⅱ)	2011－01	38.00	78
世界著名初等数论经典著作钩沉(理论和实用算术卷)	2011－07	38.00	126
世界著名几何经典著作钩沉(解析几何卷)	2022－10	68.00	1564
发展你的空间想象力(第3版)	2021－01	98.00	1464
空间想象力进阶	2019－05	68.00	1062
走向国际数学奥林匹克的平面几何试题诠释.第1卷	2019－07	88.00	1043
走向国际数学奥林匹克的平面几何试题诠释.第2卷	2019－09	78.00	1044
走向国际数学奥林匹克的平面几何试题诠释.第3卷	2019－03	78.00	1045
走向国际数学奥林匹克的平面几何试题诠释.第4卷	2019－09	98.00	1046
平面几何证明方法全书	2007－08	48.00	1
平面几何证明方法全书习题解答(第2版)	2006－12	18.00	10
平面几何天天练上卷·基础篇(直线型)	2013－01	58.00	208
平面几何天天练中卷·基础篇(涉及圆)	2013－01	28.00	234
平面几何天天练下卷·提高篇	2013－01	58.00	237
平面几何专题研究	2013－07	98.00	258
平面几何解题之道.第1卷	2022－05	38.00	1494
几何学习题集	2020－10	48.00	1217
通过解题学习代数几何	2021－04	88.00	1301
圆锥曲线的奥秘	2022－06	88.00	1541

— 1 —

刘培杰数学工作室
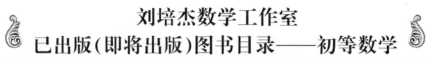 ## 已出版(即将出版)图书目录——初等数学

书　名	出版时间	定　价	编号
最新世界各国数学奥林匹克中的平面几何试题	2007—09	38.00	14
数学竞赛平面几何典型题及新颖解	2010—07	48.00	74
初等数学复习及研究(平面几何)	2008—09	68.00	38
初等数学复习及研究(立体几何)	2010—06	38.00	71
初等数学复习及研究(平面几何)习题解答	2009—01	58.00	42
几何学教程(平面几何卷)	2011—03	68.00	90
几何学教程(立体几何卷)	2011—07	68.00	130
几何变换与几何证题	2010—06	88.00	70
计算方法与几何证题	2011—06	28.00	129
立体几何技巧与方法(第2版)	2022—10	168.00	1572
几何瑰宝——平面几何500名题暨1500条定理(上、下)	2021—07	168.00	1358
三角形的解法与应用	2012—07	18.00	183
近代的三角形几何学	2012—07	48.00	184
一般折线几何学	2015—08	48.00	503
三角形的五心	2009—06	28.00	51
三角形的六心及其应用	2015—10	68.00	542
三角形趣谈	2012—08	28.00	212
解三角形	2014—01	28.00	265
探秘三角形:一次数学旅行	2021—10	68.00	1387
三角学专门教程	2014—09	28.00	387
图天下几何新题试卷.初中(第2版)	2017—11	58.00	855
圆锥曲线习题集(上册)	2013—06	68.00	255
圆锥曲线习题集(中册)	2015—01	78.00	434
圆锥曲线习题集(下册·第1卷)	2016—10	78.00	683
圆锥曲线习题集(下册·第2卷)	2018—01	98.00	853
圆锥曲线习题集(下册·第3卷)	2019—10	128.00	1113
圆锥曲线的思想方法	2021—10	48.00	1379
圆锥曲线的八个主要问题	2021—10	48.00	1415
论九点圆	2015—05	88.00	645
近代欧氏几何学	2012—03	48.00	162
罗巴切夫斯基几何学及几何基础概要	2012—07	28.00	188
罗巴切夫斯基几何学初步	2015—06	28.00	474
用三角、解析几何、复数、向量计算解数学竞赛几何题	2015—03	48.00	455
用解析法研究圆锥曲线的几何理论	2022—05	48.00	1495
美国中学几何教程	2015—04	88.00	458
三线坐标与三角形特征点	2015—04	98.00	460
坐标几何学基础.第1卷,笛卡儿坐标	2021—08	48.00	1398
坐标几何学基础.第2卷,三线坐标	2021—09	28.00	1399
平面解析几何方法与研究(第1卷)	2015—05	28.00	471
平面解析几何方法与研究(第2卷)	2015—06	38.00	472
平面解析几何方法与研究(第3卷)	2015—07	28.00	473
解析几何研究	2015—01	38.00	425
解析几何学教程.上	2016—01	38.00	574
解析几何学教程.下	2016—01	38.00	575
几何学基础	2016—01	58.00	581
初等几何研究	2015—02	58.00	444
十九和二十世纪欧氏几何学中的片段	2017—01	58.00	696
平面几何中考.高考.奥数一本通	2017—07	28.00	820
几何学简史	2017—08	28.00	833
四面体	2018—01	48.00	880
平面几何证明方法思路	2018—12	68.00	913
折纸中的几何练习	2022—09	48.00	1559
中学新几何学(英文)	2022—10	98.00	1562
线性代数与几何	2023—04	68.00	1633
四面体几何学引论	2023—06	68.00	1648

刘培杰数学工作室
已出版(即将出版)图书目录——初等数学

书 名	出版时间	定 价	编号
平面几何图形特性新析.上篇	2019—01	68.00	911
平面几何图形特性新析.下篇	2018—06	88.00	912
平面几何范例多解探究.上篇	2018—04	48.00	910
平面几何范例多解探究.下篇	2018—12	68.00	914
从分析解题过程学解题:竞赛中的几何问题研究	2018—07	68.00	946
从分析解题过程学解题:竞赛中的向量几何与不等式研究(全2册)	2019—06	138.00	1090
从分析解题过程学解题:竞赛中的不等式问题	2021—01	48.00	1249
二维、三维欧氏几何的对偶原理	2018—12	38.00	990
星形大观及闭折线论	2019—03	68.00	1020
立体几何的问题和方法	2019—11	58.00	1127
三角代换论	2021—05	58.00	1313
俄罗斯平面几何问题集	2009—08	88.00	55
俄罗斯立体几何问题集	2014—03	58.00	283
俄罗斯几何大师——沙雷金论数学及其他	2014—01	48.00	271
来自俄罗斯的5000道几何习题及解答	2011—03	58.00	89
俄罗斯初等数学问题集	2012—05	38.00	177
俄罗斯函数问题集	2011—03	38.00	103
俄罗斯组合分析问题集	2011—01	48.00	79
俄罗斯初等数学万题选——三角卷	2012—11	38.00	222
俄罗斯初等数学万题选——代数卷	2013—08	68.00	225
俄罗斯初等数学万题选——几何卷	2014—01	68.00	226
俄罗斯《量子》杂志数学征解问题100题选	2018—08	48.00	969
俄罗斯《量子》杂志数学征解问题又100题选	2018—08	48.00	970
俄罗斯《量子》杂志数学征解问题	2020—05	48.00	1138
463个俄罗斯几何老问题	2012—01	28.00	152
《量子》数学短文精粹	2018—09	38.00	972
用三角、解析几何等计算解来自俄罗斯的几何题	2019—11	88.00	1119
基谢廖夫平面几何	2022—01	48.00	1461
基谢廖夫立体几何	2023—04	48.00	1599
数学:代数、数学分析和几何(10—11年级)	2021—01	48.00	1250
直观几何学:5—6年级	2022—04	58.00	1508
几何学:第2版.7—9年级	2023—08	68.00	1684
平面几何:9—11年级	2022—10	48.00	1571
立体几何.10—11年级	2022—01	58.00	1472

书 名	出版时间	定 价	编号
谈谈素数	2011—03	18.00	91
平方和	2011—03	18.00	92
整数论	2011—05	38.00	120
从整数谈起	2015—10	28.00	538
数与多项式	2016—01	38.00	558
谈谈不定方程	2011—05	28.00	119
质数漫谈	2022—07	68.00	1529

书 名	出版时间	定 价	编号
解析不等式新论	2009—06	68.00	48
建立不等式的方法	2011—03	98.00	104
数学奥林匹克不等式研究(第2版)	2020—07	68.00	1181
不等式研究(第三辑)	2023—08	198.00	1673
不等式的秘密(第一卷)(第2版)	2014—02	38.00	286
不等式的秘密(第二卷)	2014—01	38.00	268
初等不等式的证明方法	2010—06	38.00	123
初等不等式的证明方法(第二版)	2014—11	38.00	407
不等式·理论·方法(基础卷)	2015—07	38.00	496
不等式·理论·方法(经典不等式卷)	2015—07	38.00	497
不等式·理论·方法(特殊类型不等式卷)	2015—07	48.00	498
不等式探究	2016—03	38.00	582
不等式探秘	2017—01	88.00	689
四面体不等式	2017—01	68.00	715
数学奥林匹克中常见重要不等式	2017—09	38.00	845

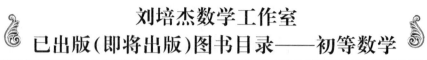

刘培杰数学工作室
已出版(即将出版)图书目录——初等数学

书　名	出版时间	定　价	编号
三正弦不等式	2018—09	98.00	974
函数方程与不等式:解法与稳定性结果	2019—04	68.00	1058
数学不等式.第1卷,对称多项式不等式	2022—05	78.00	1455
数学不等式.第2卷,对称有理不等式与对称无理不等式	2022—05	88.00	1456
数学不等式.第3卷,循环不等式与非循环不等式	2022—05	88.00	1457
数学不等式.第4卷,Jensen不等式的扩展与加细	2022—05	88.00	1458
数学不等式.第5卷,创建不等式与解不等式的其他方法	2022—05	88.00	1459
不定方程及其应用.上	2018—12	58.00	992
不定方程及其应用.中	2019—01	78.00	993
不定方程及其应用.下	2019—02	98.00	994
Nesbitt不等式加强式的研究	2022—06	128.00	1527
最值定理与分析不等式	2023—02	78.00	1567
一类积分不等式	2023—02	88.00	1579
邦费罗尼不等式及概率应用	2023—05	58.00	1637
同余理论	2012—05	38.00	163
[x]与{x}	2015—04	48.00	476
极值与最值.上卷	2015—06	28.00	486
极值与最值.中卷	2015—06	38.00	487
极值与最值.下卷	2015—06	28.00	488
整数的性质	2012—11	38.00	192
完全平方数及其应用	2015—08	78.00	506
多项式理论	2015—10	88.00	541
奇数、偶数、奇偶分析法	2018—01	98.00	876
历届美国中学生数学竞赛试题及解答(第一卷)1950—1954	2014—07	18.00	277
历届美国中学生数学竞赛试题及解答(第二卷)1955—1959	2014—04	18.00	278
历届美国中学生数学竞赛试题及解答(第三卷)1960—1964	2014—06	18.00	279
历届美国中学生数学竞赛试题及解答(第四卷)1965—1969	2014—04	28.00	280
历届美国中学生数学竞赛试题及解答(第五卷)1970—1972	2014—06	18.00	281
历届美国中学生数学竞赛试题及解答(第六卷)1973—1980	2017—07	18.00	768
历届美国中学生数学竞赛试题及解答(第七卷)1981—1986	2015—01	18.00	424
历届美国中学生数学竞赛试题及解答(第八卷)1987—1990	2017—05	18.00	769
历届国际数学奥林匹克试题集	2023—09	158.00	1701
历届中国数学奥林匹克试题集(第3版)	2021—10	58.00	1440
历届加拿大数学奥林匹克试题集	2012—08	38.00	215
历届美国数学奥林匹克试题集	2023—08	98.00	1681
历届波兰数学竞赛试题集.第1卷,1949～1963	2015—03	18.00	453
历届波兰数学竞赛试题集.第2卷,1964～1976	2015—03	18.00	454
历届巴尔干数学奥林匹克试题集	2015—05	38.00	466
保加利亚数学奥林匹克	2014—10	38.00	393
圣彼得堡数学奥林匹克试题集	2015—01	38.00	429
匈牙利奥林匹克数学竞赛题解.第1卷	2016—05	28.00	593
匈牙利奥林匹克数学竞赛题解.第2卷	2016—05	28.00	594
历届美国数学邀请赛试题集(第2版)	2017—10	78.00	851
普林斯顿大学数学竞赛	2016—06	38.00	669
亚太地区数学奥林匹克竞赛题	2015—07	18.00	492
日本历届(初级)广中杯数学竞赛试题及解答.第1卷(2000～2007)	2016—05	28.00	641
日本历届(初级)广中杯数学竞赛试题及解答.第2卷(2008～2015)	2016—05	38.00	642
越南数学奥林匹克题选:1962—2009	2021—07	48.00	1370
360个数学竞赛问题	2016—08	58.00	677
奥数最佳实战题.上卷	2017—06	38.00	760
奥数最佳实战题.下卷	2017—06	58.00	761
哈尔滨市早期中学数学竞赛试题汇编	2016—07	28.00	672
全国高中数学联赛试题及解答:1981—2019(第4版)	2020—07	138.00	1176
2024年全国高中数学联合竞赛模拟题集	2024—01	38.00	1702

刘培杰数学工作室
已出版(即将出版)图书目录——初等数学

书 名	出版时间	定 价	编号
20世纪50年代全国部分城市数学竞赛试题汇编	2017—07	28.00	797
国内外数学竞赛题及精解:2018～2019	2020—08	45.00	1192
国内外数学竞赛题及精解:2019～2020	2021—11	58.00	1439
许康华竞优学精选集.第一辑	2018—08	68.00	949
天问叶班数学问题征解100题.Ⅰ,2016—2018	2019—05	88.00	1075
天问叶班数学问题征解100题.Ⅱ,2017—2019	2020—07	98.00	1177
美国初中数学竞赛:AMC8准备(共6卷)	2019—07	138.00	1089
美国高中数学竞赛:AMC10准备(共6卷)	2019—08	158.00	1105
王连笑教你怎样学数学:高考选择题解题策略与客观题实用训练	2014—01	48.00	262
王连笑教你怎样学数学:高考数学高层次讲座	2015—02	48.00	432
高考数学的理论与实践	2009—08	38.00	53
高考数学核心题型解题方法与技巧	2010—01	28.00	86
高考思维新平台	2014—03	38.00	259
高考数学压轴题解题诀窍(上)(第2版)	2018—01	58.00	874
高考数学压轴题解题诀窍(下)(第2版)	2018—01	48.00	875
北京市五区文科数学三年高考模拟题详解:2013～2015	2015—08	48.00	500
北京市五区理科数学三年高考模拟题详解:2013～2015	2015—08	68.00	505
向量法巧解数学高考题	2009—08	28.00	54
高中数学课堂教学的实践与反思	2021—11	48.00	791
数学高考参考	2016—01	78.00	589
新课程标准高考数学解答题各种题型解法指导	2020—08	78.00	1196
全国及各省市高考数学试题审题要津与解法研究	2015—02	48.00	450
高中数学章节起始课的教学研究与案例设计	2019—05	28.00	1064
新课标高考数学——五年试题分章详解(2007～2011)(上、下)	2011—10	78.00	140,141
全国及各省市高考数学压轴题审题要津与解法研究	2013—04	78.00	248
新编全国及各省市中考数学压轴题审题要津与解法研究	2014—05	58.00	342
全国及各省市5年中考数学压轴题审题要津与解法研究(2015版)	2015—04	58.00	462
中考数学专题总复习	2007—04	28.00	6
中考数学较难题常考题型解题方法与技巧	2016—09	48.00	681
中考数学难题常考题型解题方法与技巧	2016—09	48.00	682
中考数学中档题常考题型解题方法与技巧	2017—08	68.00	835
中考数学选择填空压轴好题妙解365	2024—01	80.00	1698
中考数学:三类重点考题的解法例析与习题	2020—04	48.00	1140
中小学数学的历史文化	2019—11	48.00	1124
初中平面几何百题多思创新解	2020—01	58.00	1125
初中数学中考备考	2020—01	58.00	1126
高考数学之九章演义	2019—08	68.00	1044
高考数学之难题谈笑间	2022—06	68.00	1519
化学可以这样学:高中化学知识方法智慧感悟疑难辨析	2019—07	58.00	1103
如何成为学习高手	2019—09	58.00	1107
高考数学:经典真题分类解析	2020—04	78.00	1134
高考数学解答题破解策略	2020—11	58.00	1221
从分析解题过程学解题:高考压轴题与竞赛题之关系探究	2020—08	88.00	1179
教学新思考:单元整体视角下的初中数学教学设计	2021—03	58.00	1278
思维再拓展:2020年经典几何题的多解探究与思考	即将出版		1279
中考数学小压轴汇编初讲	2017—07	48.00	788
中考数学大压轴专题微言	2017—07	48.00	846
怎么解中考平面几何探索题	2019—06	48.00	1093
北京中考数学压轴题解题方法突破(第9版)	2024—01	78.00	1645
助你高考成功的数学解题智慧:知识是智慧的基础	2016—01	58.00	596
助你高考成功的数学解题智慧:错误是智慧的试金石	2016—04	58.00	643
助你高考成功的数学解题智慧:方法是智慧的推手	2016—04	68.00	657
高考数学奇思妙解	2016—04	38.00	610
高考数学解题策略	2016—05	48.00	670
数学解题泄天机(第2版)	2017—10	48.00	850

刘培杰数学工作室
已出版(即将出版)图书目录——初等数学

书　　名	出版时间	定价	编号
高中物理教学讲义	2018—01	48.00	871
高中物理教学讲义:全模块	2022—03	98.00	1492
高中物理答疑解惑65篇	2021—11	48.00	1462
中学物理基础问题解析	2020—08	48.00	1183
初中数学、高中数学脱节知识补缺教材	2017—06	48.00	766
高考数学客观题解题方法和技巧	2017—10	38.00	847
十年高考数学精品试题审题要津与解法研究	2021—10	98.00	1427
中国历届高考数学试题及解答.1949—1979	2018—01	38.00	877
历届中国高考数学试题及解答.第二卷,1980—1989	2018—10	28.00	975
历届中国高考数学试题及解答.第三卷,1990—1999	2018—10	48.00	976
跟我学解高中数学题	2018—07	58.00	926
中学数学研究的方法及案例	2018—05	58.00	869
高考数学抢分技能	2018—07	68.00	934
高一新生常用数学方法和重要数学思想提升教材	2018—06	38.00	921
高考数学全国卷六道解答题常考题型解题诀窍:理科(全2册)	2019—07	78.00	1101
高考数学全国卷16道选择、填空题常考题型解题诀窍.理科	2018—09	88.00	971
高考数学全国卷16道选择、填空题常考题型解题诀窍.文科	2020—01	88.00	1123
高中数学一题多解	2019—06	58.00	1087
历届中国高考数学试题及解答:1917—1999	2021—08	98.00	1371
2000～2003年全国及各省市高考数学试题及解答	2022—05	88.00	1499
2004年全国及各省市高考数学试题及解答	2023—08	78.00	1500
2005年全国及各省市高考数学试题及解答	2023—08	78.00	1501
2006年全国及各省市高考数学试题及解答	2023—08	88.00	1502
2007年全国及各省市高考数学试题及解答	2023—08	98.00	1503
2008年全国及各省市高考数学试题及解答	2023—08	88.00	1504
2009年全国及各省市高考数学试题及解答	2023—08	88.00	1505
2010年全国及各省市高考数学试题及解答	2023—08	98.00	1506
2011～2017年全国及各省市高考数学试题及解答	2024—01	78.00	1507
2018～2023年全国及各省市高考数学试题及解答	2024—03	78.00	1709
突破高原:高中数学解题思维探究	2021—08	48.00	1375
高考数学中的"取值范围"	2021—10	48.00	1429
新课程标准高中数学各种题型解法大全.必修一分册	2021—06	58.00	1315
新课程标准高中数学各种题型解法大全.必修二分册	2022—01	68.00	1471
高中数学各种题型解法大全.选择性必修一分册	2022—06	68.00	1525
高中数学各种题型解法大全.选择性必修二分册	2023—01	58.00	1600
高中数学各种题型解法大全.选择性必修三分册	2023—04	48.00	1643
历届全国初中数学竞赛经典试题详解	2023—04	88.00	1624
孟祥礼高考数学精刷精解	2023—06	98.00	1663

新编640个世界著名数学智力趣题	2014—01	88.00	242
500个最新世界著名数学智力趣题	2008—06	48.00	3
400个最新世界著名数学最值问题	2008—09	48.00	36
500个世界著名数学征解问题	2009—06	48.00	52
400个中国最佳初等数学征解老问题	2010—01	48.00	60
500个俄罗斯数学经典老题	2011—01	28.00	81
1000个国外中学物理好题	2012—04	48.00	174
300个日本高考数学题	2012—05	38.00	142
700个早期日本高考数学试题	2017—02	88.00	752
500个前苏联早期高考数学试题及解答	2012—05	28.00	185
546个早期俄罗斯大学生数学竞赛题	2014—03	38.00	285
548个来自美苏的数学好问题	2014—11	28.00	396
20所苏联著名大学早期入学试题	2015—02	18.00	452
161道德国工科大学生必做的微分方程习题	2015—05	28.00	469
500个德国工科大学生必做的高数习题	2015—06	28.00	478
360个数学竞赛问题	2016—08	58.00	677
200个趣味数学故事	2018—02	48.00	857
470个数学奥林匹克中的最值问题	2018—10	88.00	985
德国讲义日本考题.微积分卷	2015—04	48.00	456
德国讲义日本考题.微分方程卷	2015—04	38.00	457
二十世纪中叶中、英、美、日、法、俄高考数学试题精选	2017—06	38.00	783

书　　名	出版时间	定　价	编号
中国初等数学研究　2009卷(第1辑)	2009—05	20.00	45
中国初等数学研究　2010卷(第2辑)	2010—05	30.00	68
中国初等数学研究　2011卷(第3辑)	2011—07	60.00	127
中国初等数学研究　2012卷(第4辑)	2012—07	48.00	190
中国初等数学研究　2014卷(第5辑)	2014—02	48.00	288
中国初等数学研究　2015卷(第6辑)	2015—06	68.00	493
中国初等数学研究　2016卷(第7辑)	2016—04	68.00	609
中国初等数学研究　2017卷(第8辑)	2017—01	98.00	712
初等数学研究在中国.第1辑	2019—03	158.00	1024
初等数学研究在中国.第2辑	2019—10	158.00	1116
初等数学研究在中国.第3辑	2021—05	158.00	1306
初等数学研究在中国.第4辑	2022—06	158.00	1520
初等数学研究在中国.第5辑	2023—07	158.00	1635
几何变换(Ⅰ)	2014—07	28.00	353
几何变换(Ⅱ)	2015—06	28.00	354
几何变换(Ⅲ)	2015—01	38.00	355
几何变换(Ⅳ)	2015—12	38.00	356
初等数论难题集(第一卷)	2009—05	68.00	44
初等数论难题集(第二卷)(上、下)	2011—02	128.00	82,83
数论概貌	2011—03	18.00	93
代数数论(第二版)	2013—08	58.00	94
代数多项式	2014—06	38.00	289
初等数论的知识与问题	2011—02	28.00	95
超越数论基础	2011—03	28.00	96
数论初等教程	2011—03	28.00	97
数论基础	2011—03	18.00	98
数论基础与维诺格拉多夫	2014—03	18.00	292
解析数论基础	2012—08	28.00	216
解析数论基础(第二版)	2014—01	48.00	287
解析数论问题集(第二版)(原版引进)	2014—05	88.00	343
解析数论问题集(第二版)(中译本)	2016—04	88.00	607
解析数论基础(潘承洞,潘承彪著)	2016—07	98.00	673
解析数论导引	2016—07	58.00	674
数论入门	2011—03	38.00	99
代数数论入门	2015—03	38.00	448
数论开篇	2012—07	28.00	194
解析数论引论	2011—03	48.00	100
Barban Davenport Halberstam均值和	2009—01	40.00	33
基础数论	2011—03	28.00	101
初等数论100例	2011—05	18.00	122
初等数论经典例题	2012—07	18.00	204
最新世界各国数学奥林匹克中的初等数论试题(上、下)	2012—01	138.00	144,145
初等数论(Ⅰ)	2012—01	18.00	156
初等数论(Ⅱ)	2012—01	18.00	157
初等数论(Ⅲ)	2012—01	28.00	158

刘培杰数学工作室
已出版(即将出版)图书目录——初等数学

书　名	出版时间	定　价	编号
平面几何与数论中未解决的新老问题	2013—01	68.00	229
代数数论简史	2014—11	28.00	408
代数数论	2015—09	88.00	532
代数、数论及分析习题集	2016—11	98.00	695
数论导引提要及习题解答	2016—01	48.00	559
素数定理的初等证明.第2版	2016—09	48.00	686
数论中的模函数与狄利克雷级数(第二版)	2017—11	78.00	837
数论:数学导引	2018—01	68.00	849
范氏大代数	2019—02	98.00	1016
解析数学讲义.第一卷,导来式及微分、积分、级数	2019—04	88.00	1021
解析数学讲义.第二卷,关于几何的应用	2019—04	68.00	1022
解析数学讲义.第三卷,解析函数论	2019—04	78.00	1023
分析·组合·数论纵横谈	2019—04	58.00	1039
Hall代数:民国时期的中学数学课本:英文	2019—08	88.00	1106
基谢廖夫初等代数	2022—07	38.00	1531
数学精神巡礼	2019—01	58.00	731
数学眼光透视(第2版)	2017—06	78.00	732
数学思想领悟(第2版)	2018—01	68.00	733
数学方法溯源(第2版)	2018—08	68.00	734
数学解题引论	2017—05	58.00	735
数学史话览胜(第2版)	2017—01	48.00	736
数学应用展观(第2版)	2017—08	68.00	737
数学建模尝试	2018—04	48.00	738
数学竞赛采风	2018—01	68.00	739
数学测评探营	2019—05	58.00	740
数学技能操握	2018—03	48.00	741
数学欣赏拾趣	2018—02	48.00	742
从毕达哥拉斯到怀尔斯	2007—10	48.00	9
从迪利克雷到维斯卡尔迪	2008—01	48.00	21
从哥德巴赫到陈景润	2008—05	98.00	35
从庞加莱到佩雷尔曼	2011—08	138.00	136
博弈论精粹	2008—03	58.00	30
博弈论精粹.第二版(精装)	2015—01	88.00	461
数学 我爱你	2008—01	28.00	20
精神的圣徒　别样的人生——60位中国数学家成长的历程	2008—09	48.00	39
数学史概论	2009—06	78.00	50
数学史概论(精装)	2013—03	158.00	272
数学史选讲	2016—01	48.00	544
斐波那契数列	2010—02	28.00	65
数学拼盘和斐波那契魔方	2010—07	38.00	72
斐波那契数列欣赏(第2版)	2018—08	58.00	948
Fibonacci数列中的明珠	2018—06	58.00	928
数学的创造	2011—02	48.00	85
数学美与创造力	2016—01	48.00	595
数海拾贝	2016—01	48.00	590
数学中的美(第2版)	2019—04	68.00	1057
数论中的美学	2014—12	38.00	351

刘培杰数学工作室
已出版(即将出版)图书目录——初等数学

书　名	出版时间	定　价	编号
数学王者　科学巨人——高斯	2015—01	28.00	428
振兴祖国数学的圆梦之旅:中国初等数学研究史话	2015—06	98.00	490
二十世纪中国数学史料研究	2015—10	48.00	536
数字谜、数阵图与棋盘覆盖	2016—01	58.00	298
数学概念的进化:一个初步的研究	2023—07	68.00	1683
数学发现的艺术:数学探索中的合情推理	2016—07	58.00	671
活跃在数学中的参数	2016—07	48.00	675
数海趣史	2021—05	98.00	1314
玩转幻中之幻	2023—08	88.00	1682
数学艺术品	2023—09	98.00	1685
数学博弈与游戏	2023—10	68.00	1692
数学解题——靠数学思想给力(上)	2011—07	38.00	131
数学解题——靠数学思想给力(中)	2011—07	48.00	132
数学解题——靠数学思想给力(下)	2011—07	38.00	133
我怎样解题	2013—01	48.00	227
数学解题中的物理方法	2011—06	28.00	114
数学解题的特殊方法	2011—06	48.00	115
中学数学计算技巧(第2版)	2020—10	48.00	1220
中学数学证明方法	2012—01	58.00	117
数学趣题巧解	2012—03	28.00	128
高中数学教学通鉴	2015—05	58.00	479
和高中生漫谈:数学与哲学的故事	2014—08	28.00	369
算术问题集	2017—03	38.00	789
张教授讲数学	2018—07	38.00	933
陈永明实话实说数学教学	2020—04	68.00	1132
中学数学学科知识与教学能力	2020—06	58.00	1155
怎样把课讲好:大罕数学教学随笔	2022—03	58.00	1484
中国高考评价体系下高考数学探秘	2022—03	48.00	1487
数苑漫步	2024—01	58.00	1670
自主招生考试中的参数方程问题	2015—01	28.00	435
自主招生考试中的极坐标问题	2015—04	28.00	463
近年全国重点大学自主招生数学试题全解及研究.华约卷	2015—02	38.00	441
近年全国重点大学自主招生数学试题全解及研究.北约卷	2016—05	38.00	619
自主招生数学解证宝典	2015—09	48.00	535
中国科学技术大学创新班数学真题解析	2022—03	48.00	1488
中国科学技术大学创新班物理真题解析	2022—03	58.00	1489
格点和面积	2012—07	18.00	191
射影几何趣谈	2012—04	28.00	175
斯潘纳尔引理——从一道加拿大数学奥林匹克试题谈起	2014—01	28.00	228
李普希兹条件——从几道近年高考数学试题谈起	2012—10	18.00	221
拉格朗日中值定理——从一道北京高考试题的解法谈起	2015—10	18.00	197
闵科夫斯基定理——从一道清华大学自主招生试题谈起	2014—01	28.00	198
哈尔测度——从一道冬令营试题的背景谈起	2012—08	28.00	202
切比雪夫逼近问题——从一道中国台北数学奥林匹克试题谈起	2013—04	38.00	238
伯恩斯坦多项式与贝齐尔曲面——从一道全国高中数学联赛试题谈起	2013—03	38.00	236
卡塔兰猜想——从一道普特南竞赛试题谈起	2013—06	18.00	256
麦卡锡函数和阿克曼函数——从一道前南斯拉夫数学奥林匹克试题谈起	2012—08	18.00	201
贝蒂定理与拉姆克莫斯尔定理——从一个拣石子游戏谈起	2012—08	18.00	217
皮亚诺曲线和豪斯道夫分球定理——从无限集谈起	2012—08	18.00	211
平面凸图形与凸多面体	2012—10	28.00	218
斯坦因豪斯问题——从一道二十五省市自治区中学数学竞赛试题谈起	2012—07	18.00	196

刘培杰数学工作室

已出版(即将出版)图书目录——初等数学

书 名	出版时间	定 价	编号
纽结理论中的亚历山大多项式与琼斯多项式——从一道北京市高一数学竞赛试题谈起	2012—07	28.00	195
原则与策略——从波利亚"解题表"谈起	2013—04	38.00	244
转化与化归——从三大尺规作图不能问题谈起	2012—08	28.00	214
代数几何中的贝祖定理(第一版)——从一道 IMO 试题的解法谈起	2013—08	18.00	193
成功连贯理论与约当块理论——从一道比利时数学竞赛试题谈起	2012—04	18.00	180
素数判定与大数分解	2014—08	18.00	199
置换多项式及其应用	2012—10	18.00	220
椭圆函数与模函数——从一道美国加州大学洛杉矶分校(UCLA)博士资格考题谈起	2012—10	28.00	219
差分方程的拉格朗日方法——从一道 2011 年全国高考理科试题的解法谈起	2012—08	28.00	200
力学在几何中的一些应用	2013—01	38.00	240
从根式解到伽罗华理论	2020—01	48.00	1121
康托洛维奇不等式——从一道全国高中联赛试题谈起	2013—03	28.00	337
西格尔引理——从一道第 18 届 IMO 试题的解法谈起	即将出版		
罗斯定理——从一道前苏联数学竞赛试题谈起	即将出版		
拉克斯定理和阿廷定理——从一道 IMO 试题的解法谈起	2014—01	58.00	246
毕卡大定理——从一道美国大学数学竞赛试题谈起	2014—07	18.00	350
贝齐尔曲线——从一道全国高中联赛试题谈起	即将出版		
拉格朗日乘子定理——从一道 2005 年全国高中联赛试题的高等数学解法谈起	2015—05	28.00	480
雅可比定理——从一道日本数学奥林匹克试题谈起	2013—04	48.00	249
李天岩一约克定理——从一道波兰数学竞赛试题谈起	2014—06	28.00	349
受控理论与初等不等式:从一道 IMO 试题的解法谈起	2023—03	48.00	1601
布劳维不动点定理——从一道前苏联数学奥林匹克试题谈起	2014—01	38.00	273
伯恩赛德定理——从一道英国数学奥林匹克试题谈起	即将出版		
布查特-莫斯特定理——从一道上海市初中竞赛试题谈起	即将出版		
数论中的同余数问题——从一道普特南竞赛试题谈起	即将出版		
范·德蒙行列式——从一道美国数学奥林匹克试题谈起	即将出版		
中国剩余定理:总数法构建中国历史年表	2015—01	28.00	430
牛顿程序与方程求根——从一道全国高考试题解法谈起	即将出版		
库默尔定理——从一道 IMO 预选试题谈起	即将出版		
卢丁定理——从一道冬令营试题的解法谈起	即将出版		
沃斯滕霍姆定理——从一道 IMO 预选试题谈起	即将出版		
卡尔松不等式——从一道莫斯科数学奥林匹克试题谈起	即将出版		
信息论中的香农熵——从一道近年高考压轴题谈起	即将出版		
约当不等式——从一道希望杯竞赛试题谈起	即将出版		
拉比诺维奇定理	即将出版		
刘维尔定理——从一道《美国数学月刊》征解问题的解法谈起	即将出版		
卡塔兰恒等式与级数求和——从一道 IMO 试题的解法谈起	即将出版		
勒让德猜想与素数分布——从一道爱尔兰竞赛试题谈起	即将出版		
天平称重与信息论——从一道基辅市数学奥林匹克试题谈起	即将出版		
哈密顿-凯莱定理:从一道高中数学联赛试题的解法谈起	2014—09	18.00	376
艾思特曼定理——从一道 CMO 试题的解法谈起	即将出版		

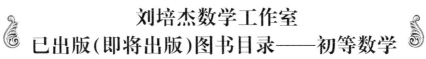

刘培杰数学工作室
已出版(即将出版)图书目录——初等数学

书　　名	出版时间	定　价	编号
阿贝尔恒等式与经典不等式及应用	2018—06	98.00	923
迪利克雷除数问题	2018—07	48.00	930
幻方、幻立方与拉丁方	2019—08	48.00	1092
帕斯卡三角形	2014—03	18.00	294
蒲丰投针问题——从2009年清华大学的一道自主招生试题谈起	2014—01	38.00	295
斯图姆定理——从一道"华约"自主招生试题的解法谈起	2014—01	18.00	296
许瓦兹引理——从一道加利福尼亚大学伯克利分校数学系博士生试题谈起	2014—08	18.00	297
拉姆塞定理——从王诗宬院士的一个问题谈起	2016—04	48.00	299
坐标法	2013—12	28.00	332
数论三角形	2014—04	38.00	341
毕克定理	2014—07	18.00	352
数林掠影	2014—09	48.00	389
我们周围的概率	2014—10	38.00	390
凸函数最值定理:从一道华约自主招生题的解法谈起	2014—10	28.00	391
易学与数学奥林匹克	2014—10	38.00	392
生物数学趣谈	2015—01	18.00	409
反演	2015—01	28.00	420
因式分解与圆锥曲线	2015—01	18.00	426
轨迹	2015—01	28.00	427
面积原理:从常庚哲命的一道CMO试题的积分解法谈起	2015—01	48.00	431
形形色色的不动点定理:从一道28届IMO试题谈起	2015—01	38.00	439
柯西函数方程:从一道上海交大自主招生的试题谈起	2015—02	28.00	440
三角恒等式	2015—02	28.00	442
无理性判定:从一道2014年"北约"自主招生试题谈起	2015—01	38.00	443
数学归纳法	2015—03	18.00	451
极端原理与解题	2015—04	28.00	464
法雷级数	2014—08	18.00	367
摆线族	2015—01	38.00	438
函数方程及其解法	2015—05	38.00	470
含参数的方程和不等式	2012—09	28.00	213
希尔伯特第十问题	2016—01	38.00	543
无穷小量的求和	2016—01	28.00	545
切比雪夫多项式:从一道清华大学金秋营试题谈起	2016—01	38.00	583
泽肯多夫定理	2016—03	38.00	599
代数等式证题法	2016—01	28.00	600
三角等式证题法	2016—01	28.00	601
吴大任教授藏书中的一个因式分解公式:从一道美国数学邀请赛试题的解法谈起	2016—06	28.00	656
易卦——类万物的数学模型	2017—08	68.00	838
"不可思议"的数与数系可持续发展	2018—01	38.00	878
最短线	2018—01	38.00	879
数学在天文、地理、光学、机械力学中的一些应用	2023—03	88.00	1576
从阿基米德三角形谈起	2023—01	28.00	1578
幻方和魔方(第一卷)	2012—05	68.00	173
尘封的经典——初等数学经典文献选读(第一卷)	2012—07	48.00	205
尘封的经典——初等数学经典文献选读(第二卷)	2012—07	38.00	206
初级方程式论	2011—03	28.00	106
初等数学研究(Ⅰ)	2008—09	68.00	37
初等数学研究(Ⅱ)(上、下)	2009—05	118.00	46,47
初等数学专题研究	2022—10	68.00	1568

刘培杰数学工作室
已出版（即将出版）图书目录——初等数学

书　名	出版时间	定　价	编号
趣味初等方程妙题集锦	2014—09	48.00	388
趣味初等数论选美与欣赏	2015—02	48.00	445
耕读笔记(上卷)：一位农民数学爱好者的初数探索	2015—04	28.00	459
耕读笔记(中卷)：一位农民数学爱好者的初数探索	2015—05	28.00	483
耕读笔记(下卷)：一位农民数学爱好者的初数探索	2015—05	28.00	484
几何不等式研究与欣赏.上卷	2016—01	88.00	547
几何不等式研究与欣赏.下卷	2016—01	48.00	552
初等数列研究与欣赏·上	2016—01	48.00	570
初等数列研究与欣赏·下	2016—01	48.00	571
趣味初等函数研究与欣赏.上	2016—09	48.00	684
趣味初等函数研究与欣赏.下	2018—09	48.00	685
三角不等式研究与欣赏	2020—10	68.00	1197
新编平面解析几何解题方法研究与欣赏	2021—10	78.00	1426
火柴游戏(第2版)	2022—05	38.00	1493
智力解谜.第1卷	2017—07	38.00	613
智力解谜.第2卷	2017—07	38.00	614
故事智力	2016—07	48.00	615
名人们喜欢的智力问题	2020—01	48.00	616
数学大师的发现、创造与失误	2018—01	48.00	617
异曲同工	2018—09	48.00	618
数学的味道(第2版)	2023—10	68.00	1686
数学千字文	2018—10	68.00	977
数贝偶拾——高考数学题研究	2014—04	28.00	274
数贝偶拾——初等数学研究	2014—04	38.00	275
数贝偶拾——奥数题研究	2014—04	48.00	276
钱昌本教你快乐学数学(上)	2011—12	48.00	155
钱昌本教你快乐学数学(下)	2012—03	58.00	171
集合、函数与方程	2014—01	28.00	300
数列与不等式	2014—01	38.00	301
三角与平面向量	2014—01	28.00	302
平面解析几何	2014—01	38.00	303
立体几何与组合	2014—01	28.00	304
极限与导数、数学归纳法	2014—01	38.00	305
趣味数学	2014—03	28.00	306
教材教法	2014—04	68.00	307
自主招生	2014—05	58.00	308
高考压轴题(上)	2015—01	48.00	309
高考压轴题(下)	2014—10	68.00	310
从费马到怀尔斯——费马大定理的历史	2013—10	198.00	I
从庞加莱到佩雷尔曼——庞加莱猜想的历史	2013—10	298.00	II
从切比雪夫到爱尔特希(上)——素数定理的初等证明	2013—07	48.00	III
从切比雪夫到爱尔特希(下)——素数定理100年	2012—12	98.00	III
从高斯到盖尔方特——二次域的高斯猜想	2013—10	198.00	IV
从库默尔到朗兰兹——朗兰兹猜想的历史	2014—01	98.00	V
从比勃巴赫到德布朗斯——比勃巴赫猜想的历史	2014—02	298.00	VI
从麦比乌斯到陈省身——麦比乌斯变换与麦比乌斯带	2014—02	298.00	VII
从布尔到豪斯道夫——布尔方程与格论漫谈	2013—10	198.00	VIII
从开普勒到阿诺德——三体问题的历史	2014—05	298.00	IX
从华林到华罗庚——华林问题的历史	2013—10	298.00	X

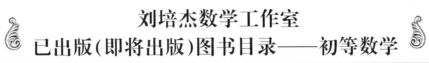

刘培杰数学工作室
已出版(即将出版)图书目录——初等数学

书　　名	出版时间	定　价	编号
美国高中数学竞赛五十讲.第1卷(英文)	2014—08	28.00	357
美国高中数学竞赛五十讲.第2卷(英文)	2014—08	28.00	358
美国高中数学竞赛五十讲.第3卷(英文)	2014—09	28.00	359
美国高中数学竞赛五十讲.第4卷(英文)	2014—09	28.00	360
美国高中数学竞赛五十讲.第5卷(英文)	2014—10	28.00	361
美国高中数学竞赛五十讲.第6卷(英文)	2014—11	28.00	362
美国高中数学竞赛五十讲.第7卷(英文)	2014—12	28.00	363
美国高中数学竞赛五十讲.第8卷(英文)	2015—01	28.00	364
美国高中数学竞赛五十讲.第9卷(英文)	2015—01	28.00	365
美国高中数学竞赛五十讲.第10卷(英文)	2015—02	38.00	366
三角函数(第2版)	2017—04	38.00	626
不等式	2014—01	38.00	312
数列	2014—01	38.00	313
方程(第2版)	2017—04	38.00	624
排列和组合	2014—01	28.00	315
极限与导数(第2版)	2016—04	38.00	635
向量(第2版)	2018—08	58.00	627
复数及其应用	2014—08	28.00	318
函数	2014—01	38.00	319
集合	2020—01	48.00	320
直线与平面	2014—01	28.00	321
立体几何(第2版)	2016—04	38.00	629
解三角形	即将出版		323
直线与圆(第2版)	2016—11	38.00	631
圆锥曲线(第2版)	2016—09	48.00	632
解题通法(一)	2014—07	38.00	326
解题通法(二)	2014—07	38.00	327
解题通法(三)	2014—05	38.00	328
概率与统计	2014—01	28.00	329
信息迁移与算法	即将出版		330
IMO 50年.第1卷(1959—1963)	2014—11	28.00	377
IMO 50年.第2卷(1964—1968)	2014—11	28.00	378
IMO 50年.第3卷(1969—1973)	2014—09	28.00	379
IMO 50年.第4卷(1974—1978)	2016—04	38.00	380
IMO 50年.第5卷(1979—1984)	2015—04	38.00	381
IMO 50年.第6卷(1985—1989)	2015—04	58.00	382
IMO 50年.第7卷(1990—1994)	2016—01	48.00	383
IMO 50年.第8卷(1995—1999)	2016—06	38.00	384
IMO 50年.第9卷(2000—2004)	2015—04	58.00	385
IMO 50年.第10卷(2005—2009)	2016—01	48.00	386
IMO 50年.第11卷(2010—2015)	2017—03	48.00	646

刘培杰数学工作室
已出版(即将出版)图书目录——初等数学

书　名	出版时间	定　价	编号
数学反思(2006—2007)	2020—09	88.00	915
数学反思(2008—2009)	2019—01	68.00	917
数学反思(2010—2011)	2018—05	58.00	916
数学反思(2012—2013)	2019—01	58.00	918
数学反思(2014—2015)	2019—03	78.00	919
数学反思(2016—2017)	2021—03	58.00	1286
数学反思(2018—2019)	2023—01	88.00	1593
历届美国大学生数学竞赛试题集.第一卷(1938—1949)	2015—01	28.00	397
历届美国大学生数学竞赛试题集.第二卷(1950—1959)	2015—01	28.00	398
历届美国大学生数学竞赛试题集.第三卷(1960—1969)	2015—01	28.00	399
历届美国大学生数学竞赛试题集.第四卷(1970—1979)	2015—01	18.00	400
历届美国大学生数学竞赛试题集.第五卷(1980—1989)	2015—01	28.00	401
历届美国大学生数学竞赛试题集.第六卷(1990—1999)	2015—01	28.00	402
历届美国大学生数学竞赛试题集.第七卷(2000—2009)	2015—08	18.00	403
历届美国大学生数学竞赛试题集.第八卷(2010—2012)	2015—01	18.00	404
新课标高考数学创新题解题诀窍:总论	2014—09	28.00	372
新课标高考数学创新题解题诀窍:必修1～5分册	2014—08	38.00	373
新课标高考数学创新题解题诀窍:选修2—1,2—2,1—1,1—2分册	2014—09	38.00	374
新课标高考数学创新题解题诀窍:选修2—3,4—4,4—5分册	2014—09	18.00	375
全国重点大学自主招生英文数学试题全攻略:词汇卷	2015—07	48.00	410
全国重点大学自主招生英文数学试题全攻略:概念卷	2015—01	28.00	411
全国重点大学自主招生英文数学试题全攻略:文章选读卷(上)	2016—09	38.00	412
全国重点大学自主招生英文数学试题全攻略:文章选读卷(下)	2017—01	58.00	413
全国重点大学自主招生英文数学试题全攻略:试题卷	2015—07	38.00	414
全国重点大学自主招生英文数学试题全攻略:名著欣赏卷	2017—03	48.00	415
劳埃德数学趣题大全.题目卷.1:英文	2016—01	18.00	516
劳埃德数学趣题大全.题目卷.2:英文	2016—01	18.00	517
劳埃德数学趣题大全.题目卷.3:英文	2016—01	18.00	518
劳埃德数学趣题大全.题目卷.4:英文	2016—01	18.00	519
劳埃德数学趣题大全.题目卷.5:英文	2016—01	18.00	520
劳埃德数学趣题大全.答案卷:英文	2016—01	18.00	521
李成章教练奥数笔记.第1卷	2016—01	48.00	522
李成章教练奥数笔记.第2卷	2016—01	48.00	523
李成章教练奥数笔记.第3卷	2016—01	38.00	524
李成章教练奥数笔记.第4卷	2016—01	38.00	525
李成章教练奥数笔记.第5卷	2016—01	38.00	526
李成章教练奥数笔记.第6卷	2016—01	38.00	527
李成章教练奥数笔记.第7卷	2016—01	38.00	528
李成章教练奥数笔记.第8卷	2016—01	48.00	529
李成章教练奥数笔记.第9卷	2016—01	28.00	530

刘培杰数学工作室
已出版（即将出版）图书目录——初等数学

书 名	出版时间	定 价	编号
第19～23届"希望杯"全国数学邀请赛试题审题要津详细评注(初一版)	2014—03	28.00	333
第19～23届"希望杯"全国数学邀请赛试题审题要津详细评注(初二、初三版)	2014—03	38.00	334
第19～23届"希望杯"全国数学邀请赛试题审题要津详细评注(高一版)	2014—03	28.00	335
第19～23届"希望杯"全国数学邀请赛试题审题要津详细评注(高二版)	2014—03	38.00	336
第19～25届"希望杯"全国数学邀请赛试题审题要津详细评注(初一版)	2015—01	38.00	416
第19～25届"希望杯"全国数学邀请赛试题审题要津详细评注(初二、初三版)	2015—01	58.00	417
第19～25届"希望杯"全国数学邀请赛试题审题要津详细评注(高一版)	2015—01	48.00	418
第19～25届"希望杯"全国数学邀请赛试题审题要津详细评注(高二版)	2015—01	48.00	419
物理奥林匹克竞赛大题典——力学卷	2014—11	48.00	405
物理奥林匹克竞赛大题典——热学卷	2014—04	28.00	339
物理奥林匹克竞赛大题典——电磁学卷	2015—07	48.00	406
物理奥林匹克竞赛大题典——光学与近代物理卷	2014—06	28.00	345
历届中国东南地区数学奥林匹克试题集(2004～2012)	2014—06	18.00	346
历届中国西部地区数学奥林匹克试题集(2001～2012)	2014—07	18.00	347
历届中国女子数学奥林匹克试题集(2002～2012)	2014—08	18.00	348
数学奥林匹克在中国	2014—06	98.00	344
数学奥林匹克问题集	2014—01	38.00	267
数学奥林匹克不等式散论	2010—06	38.00	124
数学奥林匹克不等式欣赏	2011—09	38.00	138
数学奥林匹克超级题库(初中卷上)	2010—01	58.00	66
数学奥林匹克不等式证明方法和技巧(上、下)	2011—08	158.00	134,135
他们学什么：原民主德国中学数学课本	2016—09	38.00	658
他们学什么：英国中学数学课本	2016—09	38.00	659
他们学什么：法国中学数学课本.1	2016—09	38.00	660
他们学什么：法国中学数学课本.2	2016—09	28.00	661
他们学什么：法国中学数学课本.3	2016—09	38.00	662
他们学什么：苏联中学数学课本	2016—09	28.00	679
高中数学题典——集合与简易逻辑·函数	2016—07	48.00	647
高中数学题典——导数	2016—07	48.00	648
高中数学题典——三角函数·平面向量	2016—07	48.00	649
高中数学题典——数列	2016—07	58.00	650
高中数学题典——不等式·推理与证明	2016—07	38.00	651
高中数学题典——立体几何	2016—07	48.00	652
高中数学题典——平面解析几何	2016—07	78.00	653
高中数学题典——计数原理·统计·概率·复数	2016—07	48.00	654
高中数学题典——算法·平面几何·初等数论·组合数学·其他	2016—07	68.00	655

刘培杰数学工作室
已出版(即将出版)图书目录——初等数学

书　名	出版时间	定　价	编号
台湾地区奥林匹克数学竞赛试题.小学一年级	2017—03	38.00	722
台湾地区奥林匹克数学竞赛试题.小学二年级	2017—03	38.00	723
台湾地区奥林匹克数学竞赛试题.小学三年级	2017—03	38.00	724
台湾地区奥林匹克数学竞赛试题.小学四年级	2017—03	38.00	725
台湾地区奥林匹克数学竞赛试题.小学五年级	2017—03	38.00	726
台湾地区奥林匹克数学竞赛试题.小学六年级	2017—03	38.00	727
台湾地区奥林匹克数学竞赛试题.初中一年级	2017—03	38.00	728
台湾地区奥林匹克数学竞赛试题.初中二年级	2017—03	38.00	729
台湾地区奥林匹克数学竞赛试题.初中三年级	2017—03	28.00	730
不等式证题法	2017—04	28.00	747
平面几何培优教程	2019—08	88.00	748
奥数鼎级培优教程.高一分册	2018—09	88.00	749
奥数鼎级培优教程.高二分册.上	2018—04	68.00	750
奥数鼎级培优教程.高二分册.下	2018—04	68.00	751
高中数学竞赛冲刺宝典	2019—04	68.00	883
初中尖子生数学超级题典.实数	2017—07	58.00	792
初中尖子生数学超级题典.式、方程与不等式	2017—08	58.00	793
初中尖子生数学超级题典.圆、面积	2017—08	38.00	794
初中尖子生数学超级题典.函数、逻辑推理	2017—08	48.00	795
初中尖子生数学超级题典.角、线段、三角形与多边形	2017—07	58.00	796
数学王子——高斯	2018—01	48.00	858
坎坷奇星——阿贝尔	2018—01	48.00	859
闪烁奇星——伽罗瓦	2018—01	58.00	860
无穷统帅——康托尔	2018—01	48.00	861
科学公主——柯瓦列夫斯卡娅	2018—01	48.00	862
抽象代数之母——埃米·诺特	2018—01	48.00	863
电脑先驱——图灵	2018—01	58.00	864
昔日神童——维纳	2018—01	48.00	865
数坛怪侠——爱尔特希	2018—01	68.00	866
传奇数学家徐利治	2019—09	88.00	1110
当代世界中的数学.数学思想与数学基础	2019—01	38.00	892
当代世界中的数学.数学问题	2019—01	38.00	893
当代世界中的数学.应用数学与数学应用	2019—01	38.00	894
当代世界中的数学.数学王国的新疆域(一)	2019—01	38.00	895
当代世界中的数学.数学王国的新疆域(二)	2019—01	38.00	896
当代世界中的数学.数林撷英(一)	2019—01	38.00	897
当代世界中的数学.数林撷英(二)	2019—01	48.00	898
当代世界中的数学.数学之路	2019—01	38.00	899

刘培杰数学工作室
已出版(即将出版)图书目录——初等数学

书　名	出版时间	定　价	编号
105 个代数问题:来自 AwesomeMath 夏季课程	2019－02	58.00	956
106 个几何问题:来自 AwesomeMath 夏季课程	2020－07	58.00	957
107 个几何问题:来自 AwesomeMath 全年课程	2020－07	58.00	958
108 个代数问题:来自 AwesomeMath 全年课程	2019－01	68.00	959
109 个不等式:来自 AwesomeMath 夏季课程	2019－04	58.00	960
110 个几何问题:选自各国数学奥林匹克竞赛	2024－04	58.00	961
111 个代数和数论问题	2019－05	58.00	962
112 个组合问题:来自 AwesomeMath 夏季课程	2019－05	58.00	963
113 个几何不等式:来自 AwesomeMath 夏季课程	2020－08	58.00	964
114 个指数和对数问题:来自 AwesomeMath 夏季课程	2019－09	48.00	965
115 个三角问题:来自 AwesomeMath 夏季课程	2019－09	58.00	966
116 个代数不等式:来自 AwesomeMath 全年课程	2019－04	58.00	967
117 个多项式问题:来自 AwesomeMath 夏季课程	2021－09	58.00	1409
118 个数学竞赛不等式	2022－08	78.00	1526
紫色彗星国际数学竞赛试题	2019－02	58.00	999
数学竞赛中的数学:为数学爱好者、父母、教师和教练准备的丰富资源.第一部	2020－04	58.00	1141
数学竞赛中的数学:为数学爱好者、父母、教师和教练准备的丰富资源.第二部	2020－07	48.00	1142
和与积	2020－10	38.00	1219
数论:概念和问题	2020－12	68.00	1257
初等数学问题研究	2021－03	48.00	1270
数学奥林匹克中的欧几里得几何	2021－10	68.00	1413
数学奥林匹克题解新编	2022－01	58.00	1430
图论入门	2022－09	58.00	1554
新的、更新的、最新的不等式	2023－07	58.00	1650
数学竞赛中奇妙的多项式	2024－01	78.00	1646
120 个奇妙的代数问题及 20 个奖励问题	2024－04	48.00	1647
澳大利亚中学数学竞赛试题及解答(初级卷)1978～1984	2019－02	28.00	1002
澳大利亚中学数学竞赛试题及解答(初级卷)1985～1991	2019－02	28.00	1003
澳大利亚中学数学竞赛试题及解答(初级卷)1992～1998	2019－02	28.00	1004
澳大利亚中学数学竞赛试题及解答(初级卷)1999～2005	2019－02	28.00	1005
澳大利亚中学数学竞赛试题及解答(中级卷)1978～1984	2019－03	28.00	1006
澳大利亚中学数学竞赛试题及解答(中级卷)1985～1991	2019－03	28.00	1007
澳大利亚中学数学竞赛试题及解答(中级卷)1992～1998	2019－03	28.00	1008
澳大利亚中学数学竞赛试题及解答(中级卷)1999～2005	2019－03	28.00	1009
澳大利亚中学数学竞赛试题及解答(高级卷)1978～1984	2019－05	28.00	1010
澳大利亚中学数学竞赛试题及解答(高级卷)1985～1991	2019－05	28.00	1011
澳大利亚中学数学竞赛试题及解答(高级卷)1992～1998	2019－05	28.00	1012
澳大利亚中学数学竞赛试题及解答(高级卷)1999～2005	2019－05	28.00	1013
天才中小学生智力测验题.第一卷	2019－03	38.00	1026
天才中小学生智力测验题.第二卷	2019－03	38.00	1027
天才中小学生智力测验题.第三卷	2019－03	38.00	1028
天才中小学生智力测验题.第四卷	2019－03	38.00	1029
天才中小学生智力测验题.第五卷	2019－03	38.00	1030
天才中小学生智力测验题.第六卷	2019－03	38.00	1031
天才中小学生智力测验题.第七卷	2019－03	38.00	1032
天才中小学生智力测验题.第八卷	2019－03	38.00	1033
天才中小学生智力测验题.第九卷	2019－03	38.00	1034
天才中小学生智力测验题.第十卷	2019－03	38.00	1035
天才中小学生智力测验题.第十一卷	2019－03	38.00	1036
天才中小学生智力测验题.第十二卷	2019－03	38.00	1037
天才中小学生智力测验题.第十三卷	2019－03	38.00	1038

书　名	出版时间	定　价	编号
重点大学自主招生数学备考全书:函数	2020—05	48.00	1047
重点大学自主招生数学备考全书:导数	2020—08	48.00	1048
重点大学自主招生数学备考全书:数列与不等式	2019—10	78.00	1049
重点大学自主招生数学备考全书:三角函数与平面向量	2020—08	68.00	1050
重点大学自主招生数学备考全书:平面解析几何	2020—07	58.00	1051
重点大学自主招生数学备考全书:立体几何与平面几何	2019—08	48.00	1052
重点大学自主招生数学备考全书:排列组合·概率统计·复数	2019—09	48.00	1053
重点大学自主招生数学备考全书:初等数论与组合数学	2019—08	48.00	1054
重点大学自主招生数学备考全书:重点大学自主招生真题.上	2019—04	68.00	1055
重点大学自主招生数学备考全书:重点大学自主招生真题.下	2019—04	58.00	1056
高中数学竞赛培训教程:平面几何问题的求解方法与策略.上	2018—05	68.00	906
高中数学竞赛培训教程:平面几何问题的求解方法与策略.下	2018—06	78.00	907
高中数学竞赛培训教程:整除与同余以及不定方程	2018—01	88.00	908
高中数学竞赛培训教程:组合计数与组合极值	2018—04	48.00	909
高中数学竞赛培训教程:初等代数	2019—04	78.00	1042
高中数学讲座:数学竞赛基础教程(第一册)	2019—06	48.00	1094
高中数学讲座:数学竞赛基础教程(第二册)	即将出版		1095
高中数学讲座:数学竞赛基础教程(第三册)	即将出版		1096
高中数学讲座:数学竞赛基础教程(第四册)	即将出版		1097
新编中学数学解题方法1000招丛书.实数(初中版)	2022—05	58.00	1291
新编中学数学解题方法1000招丛书.式(初中版)	2022—05	48.00	1292
新编中学数学解题方法1000招丛书.方程与不等式(初中版)	2021—04	58.00	1293
新编中学数学解题方法1000招丛书.函数(初中版)	2022—05	38.00	1294
新编中学数学解题方法1000招丛书.角(初中版)	2022—05	48.00	1295
新编中学数学解题方法1000招丛书.线段(初中版)	2022—05	48.00	1296
新编中学数学解题方法1000招丛书.三角形与多边形(初中版)	2021—04	48.00	1297
新编中学数学解题方法1000招丛书.圆(初中版)	2022—05	48.00	1298
新编中学数学解题方法1000招丛书.面积(初中版)	2021—07	28.00	1299
新编中学数学解题方法1000招丛书.逻辑推理(初中版)	2022—06	48.00	1300
高中数学题典精编.第一辑.函数	2022—01	58.00	1444
高中数学题典精编.第一辑.导数	2022—01	68.00	1445
高中数学题典精编.第一辑.三角函数·平面向量	2022—01	68.00	1446
高中数学题典精编.第一辑.数列	2022—01	58.00	1447
高中数学题典精编.第一辑.不等式·推理与证明	2022—01	58.00	1448
高中数学题典精编.第一辑.立体几何	2022—01	58.00	1449
高中数学题典精编.第一辑.平面解析几何	2022—01	68.00	1450
高中数学题典精编.第一辑.统计·概率·平面几何	2022—01	58.00	1451
高中数学题典精编.第一辑.初等数论·组合数学·数学文化·解题方法	2022—01	58.00	1452
历届全国初中数学竞赛试题分类解析.初等代数	2022—09	98.00	1555
历届全国初中数学竞赛试题分类解析.初等数论	2022—09	48.00	1556
历届全国初中数学竞赛试题分类解析.平面几何	2022—09	38.00	1557
历届全国初中数学竞赛试题分类解析.组合	2022—09	38.00	1558

刘培杰数学工作室
已出版(即将出版)图书目录——初等数学

书　　名	出版时间	定　价	编号
从三道高三数学模拟题的背景谈起:兼谈傅里叶三角级数	2023—03	48.00	1651
从一道日本东京大学的入学试题谈起:兼谈 π 的方方面面	即将出版		1652
从两道 2021 年福建高三数学测试题谈起:兼谈球面几何学与球面三角学	即将出版		1653
从一道湖南高考数学试题谈起:兼谈有界变差数列	2024—01	48.00	1654
从一道高校自主招生试题谈起:兼谈詹森函数方程	即将出版		1655
从一道上海高考数学试题谈起:兼谈有界变差函数	即将出版		1656
从一道北京大学金秋营数学试题的解法谈起:兼谈伽罗瓦理论	即将出版		1657
从一道北京高考数学试题的解法谈起:兼谈毕克定理	即将出版		1658
从一道北京大学金秋营数学试题的解法谈起:兼谈帕塞瓦尔恒等式	即将出版		1659
从一道高三数学模拟测试题的背景谈起:兼谈等周问题与等周不等式	即将出版		1660
从一道 2020 年全国高考数学试题的解法谈起:兼谈斐波那契数列和纳卡穆拉定理及奥斯图达定理	即将出版		1661
从一道高考数学附加题谈起:兼谈广义斐波那契数列	即将出版		1662
代数学教程.第一卷,集合论	2023—08	58.00	1664
代数学教程.第二卷,抽象代数基础	2023—08	68.00	1665
代数学教程.第三卷,数论原理	2023—08	58.00	1666
代数学教程.第四卷,代数方程式论	2023—08	48.00	1667
代数学教程.第五卷,多项式理论	2023—08	58.00	1668

联系地址:哈尔滨市南岗区复华四道街 10 号　哈尔滨工业大学出版社刘培杰数学工作室
邮　编:150006
联系电话:0451—86281378　　13904613167
E-mail:lpj1378@163.com